# TRAITÉ

### DES

# ARBRES & ARBRISSEAUX

# TRAITÉ

DES

# ARBRES & ARBRISSEAUX

## FORESTIERS, INDUSTRIELS ET D'ORNEMENT

### CULTIVÉS OU EXPLOITÉS EN EUROPE ET PLUS PARTICULIÈREMENT EN FRANCE

DONNANT LA DESCRIPTION ET L'UTILISATION DE PLUS DE 2400 ESPÈCES

ET 2000 VARIÉTÉS

PAR

## P. MOUILLEFERT

Professeur de Sylviculture à l'École Nationale d'Agriculture de Grignon

# ATLAS

## Contenant 195 planches inédites dont :

11 D'ÉLEMENTS DE BOTANIQUE DES ARBRES
144 PHOTOTYPIES DE PORT D'ARBRES
40 COLORIÉES DONNANT LES CARACTÈRES DE 55 ESPÈCES

PARIS

# LIBRAIRIE DES SCIENCES NATURELLES

## PAUL KLINCKSIECK, ÉDITEUR

52 rue des Écoles, 52

1892-1898

# TABLE DES PLANCHES[(1)]

### 1. Planches noires d'éléments de Botanique des Arbres.

| Planches. | Page du texte. | Planches. | Page du texte. |
|---|---|---|---|
| A. — Éléments anatomiques des arbres | 69 | F. — Inflorescences diverses . . | 70 |
| B. — Structure du bois. . . . | 69 | G. — » diverses (suite) | 71 |
| C. — Différentes sortes de bourgeons | 70 | H — Formes de fleurs et parties de la fleur. . . . . . . | 71 |
| D. — Formes de feuilles simples | 70 | I. — Fruits divers. . . . . . . | 71 |
| E. — » » composées | 70 | J. — » » (suite) . . . | 71 |
| | | K. — » » (suite) . . . | 72 |

### 2. Phototypies de port d'Arbres, par ordre alphabétique

| Planches. | Page du texte | Planches. | Page de texte. |
|---|---|---|---|
| 133 Abies cephalonica . . . . . | 1250 | 65 Æsculus flava . . . . . . . | 715 |
| 132 — pinsapo . . . . . | 1259 | 63 — Hippocastanum . . | 710 |
| 60 Acacia falcata . . . . . . . | 678 | 64 — rubicunda. . . . . | 713 |
| 61 — horrida. . . . . . | 681 | 6 Ailantus glandulosa . . . . | 249 |
| 59 — longissima . . . . | 679 | 19 Amygdalus communis . . . | 388 |
| 58 — melanoxylon . . . | 677 | 20 — persicoïdes . . . | 391 |
| 67 Acer campestre . . . . . | 733 | 101 Alnus cordifolia . . . . . . | 1131 |
| 66 — Pseudoplatanus . . | 729 | 100 — glutinosa. . . . . . | 1127 |

(1) Les 11 planches noires d'éléments de la botanique des arbres sont désignées par A à K;

Les 144 phototypies par les Nos 1 à 144;

Les 40 planches coloriées sont numérotées et doivent être reliées comme suit: I à XXVI, XXVI bis, XXVI ter, XXVII, XXVII bis. XXVII ter, XXVIII, XXVIII bis. XXVIII ter. XXIX. XXIX bis, XXX, XXXI, XXXII, XXXII bis.

L'Éditeur.

| Planches. | Page du texte | | Planches. | Page du texte. |
|---|---|---|---|---|
| 79 Aralia dactylifolia | 879 | | 129 Ficus carica fructu albo | 1222 |
| 78 — Humboldtiana | 879 | | 130 — — — rubro | 1224 |
| 79 — Schæffleri | 879 | | 94 Fraxinus excelsior | 984 |
| 141 Araucaria brasiliensis | 1329 | | 54 Gleditschia triacanthos var. | |
| 140 — excelsa | 1330 | | inermis | 652 |
| 96 Arbutus andrachne | 1038 | | 62 Grevillea robusta (arbre de | |
| 97 — unedo | 1037 | | droite) | 1060 |
| 23 Armeniaca sativa | 409 | | 57 Gymnocladus canadensis | 228 |
| 99 Betula verrucosa | 1117 | | 70 Hovenia dulcis | 774 |
| 72 Buxus sempervirens | 810 | | 71 Ilex aquifolium | 776 |
| 17 Callistemon lanceolatus | 336 | | 122 Juglans hybrida(intermedia) | 1188 |
| 18 — speciosus | 336 | | 123 — nigra | 1188 |
| 103 Carpinus betulus | 1135 | | 144 Libocedrus decurrens | 1349 |
| 108 Castanea vulgaris | 1149 | | 95 Ligustrum lucidum | 977 |
| 9 Cedrela sinensis | 252 | | 4 Liriodendron tulipifera | 128 |
| 135 Cedrus libani. var. Atlantica | 1292 | | 1 Magnolia grandiflora | 110 |
| 127 Celtis occidentalis | 1208 | | 2 — macrophylla | 115 |
| 128 — crassifolia | 1209 | | 3 — Yulan (conspicua) | 117 |
| 26 Cerasus acida var | 441 | | 43 Malus communis | 516 |
| 25 — avium | 437 | | 44 — spectabilis | 523 |
| 27 — Mahaleb | 448 | | 16 Melaleuca cuticularis | 336 |
| 56 Ceratonia siliqua | 662 | | 14 — decussata | 334 |
| 55 Cercis siliquastrum | 661 | | 15 — Huegeli | 336 |
| 7 Citrus aurantium | 228 | | 10 Melia Azedarach | 256 |
| 8 — limonium | 240 | | 28 Mespilus Smithii | 459 |
| 5 Cocculus laurifolius | 176 | | 88 Myoporum pictum | 942 |
| 80 Cornus mas | 885 | | 84 Nyssa sylvatica | 891 |
| 104 Corylus colurna | 1141 | | 92 Olea Europea (très âgé) | 971 |
| 37 Cotoneaster frigida | 487 | | 93 — — forêt | 971 |
| 35 Cratægus Azarolus | 474 | | 77 Opuntia ficus indica | 872 |
| 31 Cratægus Carrieri | 466 | | 102 Ostrya carpinifolia | 1134 |
| 29 — flava | 461 | | 87 Paulownia imperialis | 940 |
| 33 — linearis | 468 | | 22 Persica Davidiana | 407 |
| 32 — lucida (crus galli) | 467 | | 21 — vulgaris | 395 |
| 30 — Mexicana Grigno- | | | 46 Photinia serrulata | 431 |
| nensis | 463 | | 47 — — rotundifolia | 431 |
| 36 — monogyna | 479 | | 134 Picea excelsa | 1265 |
| 34 — ' nigra | 471 | | 138 Pinus canariensis | 1319 |
| 90 Diospyros Kaki | 968 | | 136 — Laricio corsica | 1301 |
| 91 — — var. costata | 969 | | 137 — montana | 1302 |
| 89 — Virginiana lucida | 467 | | 139 — strobus | 1325 |
| 48 Eriobothrya japonica | 537 | | 42 Pirus communis | 503 |
| 42 Eucalyptus globulus | 296 | | 126 Planera (Zelkowa) crenata | 1204 |
| 43 — viminalis | 298 | | 131 Platanus orientalis, var. ace- | |
| 105 Fagus sylvatica | 1145 | | rifolia | 1226 |
| 106 — asplenifolia | 1147 | | 83 Populus alba | 1105 |
| 107 — — pendula | 1147 | | 86 — canadensis (mascula) | 1113 |

| Planches. | | Page du texte. | Planches. | | Page du texte. |
|---|---|---|---|---|---|
| 84 | Populus canescens. | 1107 | 82 | Salix alba | 1087 |
| 85 | — nigra | 1111 | 98 | Sassafras officinalis | 1069 |
| 24 | Prunus domestica | 423 | 62 | Schinus molle (arbre de | |
| 11 | Punica granatum | 261 | | gauche) | 703 |
| 115 | Quercus Ægilops. | 1173 | 142 | Sequoïa gigantea. | 1333 |
| 119 | — alba | 1164 | 52 | Sophora japonica | 629 |
| 114 | — cerris. | 1171 | 53 | — pendula. | 630 |
| 113 | — macrocarpa. | 1165 | 38 | Sorbus aria obtusifolia. | 492 |
| 118 | — occidentalis | 1169 | 39 | — domestica | 501 |
| 109 | — pedunculata. | 1156 | 40 | — hybrida très âgé. | 498 |
| 110 | — — futaie. | 1156 | 41 | — torminalis | 497 |
| 112 | — pubescens. | 1158 | 73 | Sterculia platanifolia | 812 |
| 111 | — robur. | 1157 | 45 | Stranvæsia glaucescens. | 536 |
| 120 | — rubra (massif). | 1176 | 76 | Tamarix gallica | 837 |
| 116 | — suber. | 1168 | 143 | Taxodium distichum. | 1352 |
| 117 | — — forêt | 1168 | 75 | Tilia argentea | 820 |
| 121 | — tinctoria. | 1177 | 74 | — grandifolia | 818 |
| 68 | Rhamnus catharticus. | 757 | 124 | Ulmus campestris | 1198 |
| 56 | Robinia pseudoacacia. | 564 | 125 | — montana | 1200 |
| 49 | — — le plus ancien | | 69 | Zizyphus vulgaris | 764 |
| | de France. | 564 | | | |

### 3' Planches Coloriées

**Nota.** — Quelques noms de ces planches diffèrent de ceux de la présente table ; ces derniers seuls sont exacts.

| Planches. | | Page du texte. | Planches. | | Page du texte. |
|---|---|---|---|---|---|
| XXXVIter | Abies cephalonica. | 1250 | XXVIIter | Cedrus Libani | 1291 |
| XXVIA | — — var. robusta. | 1250 | XXV | Celtis occidentalis. | 1208 |
| XXVIbis | — Nordmanniana. | 1249 | XXX | Chamæcyparis Lawso- | |
| XXVIB | — pectinata. | 1247 | | niana. | 1342 |
| XVB | Æsculus turbinata (Æ. | | I | Clematis Hakonensis | |
| | chinensis). | 713 | | var. Jackmani | 85 |
| XVA | — parviflora | 717 | VIA | Cotoneaster frigida | 487 |
| XIII | Acacia cultriformis | 676 | VIIB | Cratægus crus-galli | 467 |
| XII | — dealbata. | 683 | VIIA | — Tanacetifolia | 474 |
| XIVA | Acer colchicum. | 737 | X | Desmodium penduliflo- | |
| XIVB | — Lobelii | 737 | | rum | 638 |
| XX | Alnus cordifolia. | 1131 | IVA | Eucalyptus globulus. | 296 |
| IIIc | Berberis Ætnensis. | 151 | IVB | — robusta | 313 |
| IIIB | — Thunbergii. | 157 | XVIIIB | Fraxinus dimorpha. | 988 |
| IIIA | — vulgaris | 144 | XVIIIA | — ornus | 992 |
| XXI | Betula populifolia. | 1119 | XI | Gleditschia triacanthos | 652 |
| XXIX | Biota orientalis. | 1347 | XXXIB | Juniperus virginiana | |
| XXII | Carpinus orientalis | 1137 | | var. cinerascens. | 1363 |
| XVII | Catalpa Kæmpferi. | 932 | | | |

| Planches. | | Page du texte. | Planches. | | Page du texte. |
|---|---|---|---|---|---|
| XXXIA | Juniperus communis var. pendula | 1359 | XIXB | Populus nigra | 1111 |
| II | Magnolia purpurea var. Lennei | 120 | VA | Prunus domestica | 423 |
| VIIIA | Malus microcarpa var. coccinea | 527 | VB | — brigantiaca | 416 |
| VIIIB | Malus Kaido | 524 | XXVIIbis | Pseudotsuga Douglasii | 1281 |
| XXIIB | Ostrya carpinifolia : | 1134 | VIB | Pyracantha europea | 481 |
| XXVII | Picea orientalis | 1272 | XXIII | Quercus Ægilops var. macrolepis | 1174 |
| XXVIIIter | Pinus excelsa | 1324 | XXIXbis | Sequoia gigantea | 1333 |
| XXVIII | — Laricio var. austriaca | 1301 | IXB | Sorbus aria var. obtusifolia | 492 |
| XXVIIIbis | — montana var. uncinata | 1302 | IXA | — hybrida | 498 |
| XIXA | Populus balsamea candicans (vel ontariensis) | 1114 | XVI | Tilia argentea | 820 |
| | | | XXXII | Taxus baccata var. Dovastoni | 1365 |
| | | | XXXIIIbis | Taxodium distichum | 1353 |
| | | | XXIV | Ulmus campestris var. Belgica | 1199 |

## Explication des Planches coloriées

### I

**Clematis Hakonensis var. Jackmani.**— 1. Rameaux avec fleurs et feuilles.—2. Androcée. — 3. Etamine grossie. — 4. Capitule d'akènes. — 5. Akène isolé surmonté du style persistant ou queues. — 6. Coupe du même (Texte p. 85).

### II

**Magnolia purpurea var. Lennei.** — 1, Feuilles et fleurs. — 2, Etamine, face interne. — 3. Etamine face externe. — 4. Androcée, gynecée et receptacle. — 5 Coupe des mêmes. — 6. Coupe longitudinale d'un carpelle — 7. Syncarpe (fruit) montrant les follicules en dehiscence. — 8. Graine, coupe longitudinale. — 9 Graine entière (Texte, p. 120).

### III

**A.** — **Berberis vulgaris** Lin. — A. grappe de fleurs.— A¹. Fleur isolée (Texte, p. 44)
**B Berberis Thunbergii.** DC. — B Rameau avec ses fruits. — B¹ et B². Coupes du fruit.— B³. Graine grandeur naturelle. — B⁴. Graine grossie (Texte, p. 157).
**C Berberis Ætnensis** Presl. — C Rameaux avec grappes de fruits. — C¹ et C². Coupes du fruit. — C³. Graine grandeur naturelle. — C⁴. Graine grossie (Texte, p. 151).

### IV

**A.** — **Eucalyptus globulus** Labil. — A. Rameau avec feuilles et fleurs. — A¹. Coupe longitudinale de la fleur. — A². Etamine. — A³. Coupe transversale de l'ovaire. — A⁴. Fruit vu d'ensemble. — A⁵. Graine fertile et sterile (Texte, p. 296).
**B. Eucalyptus robusta** Smith — Glomerule de fruits (Texte. p. 313).

## V

**A. Prunus domestica** var. **sylvestris.** — A. Rameau avec feuilles et fruits. A. Coupe longitudinale du fruit— $A^2$. Coupe transversale du noyau. — $A^3$. Noyau enti de face (Texte, p. 423).

**B. Prunus brigantiaca** Vill. — B. Rameau avec fruit. — $B^1$. Coupe du fruit (Text p. 416.

## VI

**A. Cotoneaster frigida** Lindl. — A. Corymbe de fleurs. — $A^1$. Fleur grossie $A^2$. Coupe en long de la fleur. — $A^3$. Corymbe de fruits. (Texte, p. 487).

**B. Pyracantha (Cotoneaster) coccinea** Rœm. — B. Fruits. — $B^1$ Coupe horizonta du fruit. — $B^2$, $B^3$. Graine grandeur naturelle et grossie (Texte, p. 481).

## VII

**A. — Cratægus tanacetifolia** Pers. — A. Rameau avec fruits. — $A^1$. Coupe transversa du fruit (Texte, p. 475.

**B. — Cratægus crus-galli.** Lan. — B. Rameaux stérile et fructifère. — $B^1$. Coupe tran versale du fruit. — $B^2$ et $B^3$. Graine grandeur naturelle et grossie (Texte, p. 467).

## VIII

**A. Malus microcarpa** var. **coccinea** Carr. — A. Fruits — $A^1$ et $A^2$. Coupes du fru (Texte, p. 527).

**B. Malus Kaido** Sieb. et Zucc. *M. microcarpa* var. *Kaido* Carr. B. Corymbe d fruits. — $B^1$, $B^2$. Coupes du fruit (Texte p. 524)

## IX

**A. Sorbus hybrida** Lin — A. Rameau avec fruits. — $A^1$. Coupe transversale du fru — $A^2$, $A^3$ Pepin grandeur naturelle et grossi (Texte, p. 498).

**B Sorbus aria** var. **obtusifolia** DC. — Corymbe de fruits et feuilles. — $B^1$. Cou transversale du fruit — $B^2$, $B^3$. Pepin grandeur naturelle et grossi (Texte, p 492)

## X

**Desmodium penduliflorum** Oudem. — 1. Rameau florifère. — 2. Fleur isolée, — 3 Coupe de la fleur (Texte, p. 638).

## XI

**Gleditschia triacanthos** Lin. — 1 Feuilles et épines. — 2 Gousse. — 3. Graine. — 4. Coupe de la graine (Texte, p. 661)

## XII

**Acacia dealbata** Link. — 1. Rameau avec feuilles et fleurs — 2. Capitule de fleur grossi. — 3. Fleur isolee. — 4. Fleur en bouton. — 5. Gynécée. — 6 Gousse. — 7. Graine grandeur naturelle — 8. Graine grossie, coupe (Texte, p. 683).

## XIII

**Acacia cultriformis** Cunn — 1. Rameau avec feuilles et fleurs. — 2. Feuille isolee. — 3. Capitule de fleur grossi. — 4 Fleur isolée. — 5. Sepale. 6. Petale. (Texte, p 676).

## XIV

**A. Acer Colchicum** Hartw. — A. Feuilles et fruits. — $A^1$. Fruit coupe (Texte. p. 737).

**B. Acer Lobelii** Ten. — B. Feuilles et fruits. $B^1$. Coupe du fruit. (Texte page 737).

## XV

**A. Æsculus parviflora** Walt. — A. Feuilles et inflorescence. — $A^1$. Fleur isolee. — $A^2$. Etamine. — $A^3$ Coupe de la fleur. — $A^4$. Gynécée (Texte, page 717).

**B. Æsculus chinensis** Bung. vel *Æ turbinata* Bl. — B. Rameau défeuillé et bourgeon. — $B^1$. Fruit. — B. Coupe du fruit. — $B^3$. Graine (Texte, page 713).

## XVI

**Tilia argentea** Desf. — 1. Rameau avec feuilles et fleurs en bouton. — 2. Fleur epanouie. — 3. Coupe du fruit (Texte, p. 820)

## XVII

**Catalpa Kæmpferi** Sieb. et Zucc. (Par erreur *C. Bungei*). — Rameau avec feuilles et fleurs. — 2 Fleur isolée — 3. Coupe de la fleur. — 4. Anthères — 4 *bis*. Style. — 5. Fruit raccourci. — 6 et 7 Coupe du fruit. — 8 et 9. Graine. — 10. Profil de la graine (Texte, page 932).

## XVIII

A. **Fraxinus Ornus** Lin. — A. Feuilles et thyrse de fleurs — A¹. Fleur isolée. (Texte page 992).
B. **Fraxinus dimorpha** Coss.— Feuilles et fascicule de fruits. — B¹. Coupe du fruit (Texte, page 988).

## XIX

A. **Populus balsamea** var. **Ontariensis** Desf. — A. Rameau et chatons femelles — A¹. Feuille. — A². Bractée ou ecaille des chatons.  A³. Fleurs femelles — A⁴. Grappe de fruits. — A⁵ Capsule isolée (Texte, page 1114.).
B. **Populus nigra** Lin. — 1. Fleur mâle (Texte, p. 1111)

## XX

**Alnus cordifolia** Ten. — 1 Chatons mâles — 2 Cônes de fruits, chatons mâles et feuilles.  3 et 4 Fleur mâle. — 5 Fleur femelle. — 6 Coupe du fruit. — 7 Ecaille du cône avec ses deux fruits — 8. Fruit isolé (Texte, p 1131).

## XXI

**Betula populifolia** March — 1. Chaton mâle  2. Jeune chaton femelle. — 3 Rameau, feuille et cônes de fruits. — 4 et 5. Fleur mâle.  6 et 7. Fleur femelle. — 8 et 9. Fruit avec son ecaille. — 10. Samare (Texte, p 1119).

## XXII

**Carpinus orientalis** Link. — A. Feuilles et fruits. — A¹. Fruit avec sa cupule. — A² Fruit isolé — A³. Fruit, coupe longitudinale (Texte, p 1137).
**Ostrya carpinifolia** Scop — B Feuilles, fruits et jeunes chatons mâles — B¹ Bhaton mâles epanouis. — B² Fleur mâle complete — B³ Etamine — B⁴. Bourgeons — B⁵ Fruit dans sa cupule et isolé. (Texte, p. 1134).

## XXIII

**Quercus Ægilops** var. **macrolepis** Boiss — 1 Rameau avec chaton mâle — 2. Rameau et gland — 3. Fleur mâle isolée. — 4. Fleur femelle — 5 Coupe du gland (Texte, page 1174).

## XXIV

**Ulmus campestris** Var. **Belgica** (par erreur *U. americana*). — 1. Rameau avec fleurs. — 2 Feuilles et fascicules de fruits. — 3 Fleur complete — 4. Gynécée — 5. Fruit isolé (Texte, p. 1200).

## XXV

**Celtis occidentalis** Lin. — A. Rameau florifere — B. Feuilles et fruit mur 1. Fleur complete. — 2. Anthères. — 3. Pistil — 4. Fruit coupe — 5-6. Jeune fruit (Texte, p. 1208).

## XXVI

A **Abies cephalonica** var. **robusta** Carr. (par erreur *A. Nunidica*). — A. Rameau avec cônes — A¹. Ecaille et bractee — A² Ecaille avec graine. — A³. Graine isolée — A⁴. Coupe de graine (Texte p 1251).
B. **Abies pectinata** DC — B¹, B² chatons mâles — B³. Anthere non encore ouverte, — B⁴. Jeune chaton femelle — B⁵. Fleur femelle isolée (Texte, p 1247).

## XXVI *bis*

**Abies Nordmanniana** Spach. — 1. Rameau avec cône. — 2. Jeunes châtons mâles. — 3, 4. Anthère. — 5. Jeune cône ou châton femelle — 6. Fleur femelle. — 7. La même vue en dessous. — 8. Ecaille et bractée — 9. Graines sur leur écaille. — 10. Feuill grossie (Texte, p. 1219).

## XXVI *ter*

**Abies cephalonica** Link. — 1. Rameau avec cône. — 2. Chatons mâles. — 3. Chato mâle isolé. — 4. Anthère avec son connectif. — 5. Ecaille et bractée. — 6. Graine. - 7. Feuille isolée (Texte, p. 1250).

## XXVII

**Picea orientalis** Carr — 1. Rameau et chatons mâles. — 2. Rameau et chaton femell 3 et 4. Anthère. — 5. Ecaille et bractée — 6. Fleurs femelles. — 7. Cône un pe avant maturité. — 8. Graine sur son écaille. — 9. Graines. — 10 Coupe longitudinal de la graine (Texte, p. 1272).

## XXVII *bis*

**Pseudotsuga Douglasii** Carr. — 1. Ramule avec cônes. — 2. Ramule avec jeune chatons mâle et femelle. — 3. Anthère non ouverte. — 4 et 5. Fleur femelle. — 6. Ecaille et bractée vues en dessous. — 7. Graine. — 8. Feuille isolée (Texte, p. 1281).

## XXVII *ter*

**Cedrus Libani** Barr. — 1 Ramule avec cône.    2  Chaton mâle non épanoui. — 3 et 4. Anthère. — 5. Graines sur leur écailles. — 6. Graine isolée. — 7. Feuille isolé (Texte, p. 1289).

## XXVIII

**Pinus Laricio var. austriaca** Loud — 1 Rameau avec cône mûr, cône d'un an, chaton mâle et femelle. — 2. Chaton mâle isolé — 3. Anthère. — 4. Inflorescence femelle — 5. 6. Fleur femelle isolée. — 7. Ecaille fructifère, vue en dessous. — 8. La même, avec ses deux graines. — 9. Graine isolée.    10. Coupe longitudinale de la graine (Texte p. 1304).

## XXXVIII *bis*

**Pinus montana var. uncinata** Hakeuk — 1. Rameau avec : *a.* Cônes mûrs, *b.* Cônes d'un an, *c.* Inflorescence femelle terminale, *d.* Chatons mâles groupés. — 2. Anthère non ouverte. — 3. 4. La même après déhiscence. — 5. Grain de pollen — 6. Inflorescence femelle grossie. — 7. Bractée et écaille avec les 2 ovules o' o¹. — 8. Jeune écaille vue de dos. — 9. Ecaille mûre avec 2 graines. — 10. Ecaille isolée avec son mucron. — 11. Graine. — 12. Feuilles isolées (Texte p. 1302).

## XXVIII *ter*

**Pinus excelsa** Wall. — 1. Rameau avec feuille et cônes, *a.* cône mûr, *b.* jeune cône d'un an — 2. Inflorescence mâle. — 3. Anthère. — 4. Inflorescence femelle. — 5. Bractée avec ses deux ovules. — 6 La même, vue de dos. — 7 Ecailles de cône mûre. — 8 Graine isolée (Texte, p. 1324).

## XXXI

**Biota orientalis** Endl. — 1. Rameau avec fruits mûrs. — 2. Extrémité grossie d'une pousse. — 3. Fleur mâle non épanouie. — 4. Bractée ovulifère — 5. Strobile mûr isolé. — 6. Coupe du strobile. — 7. Ecaille avec deux graines (Texte, p. 1347).

## XXIX *bis*

**Sequoia gigantea** Endl. — 1. Rameau avec strobile développé. — 2. Ecaille du strobile avec ses graines — 3 et 4. Graine grandeur naturelle et grossie. — 5. Inflorescence mâle. — 6, 7, 8. Anthères avec quatre loges anthérifères vues dans différentes positions — 9. Feuille grossie (Texte p. 1333).

## XXX

**Cupressus** (*Chamaecyparis*) **Lawsoniana** Murr. — 1. Rameau avec fruits mûrs. 2. Ramule avec inflorescences mâles et feuilles aux extremités. — 3. Inflorescence mâle grossie. — 4 et 5. Anthères avec son connectif pelté et ses loges anthérifères. — 6 et 7. Fleurs femelles. — 8. Strobile mûr. — 9. Ecaille avec ses graines (Texte, p. 1342).

## XXXI

A. **Juniperus communis** Lin. var. pendula (par erreur *J. vulgaris* var. *reflexa*). — A. Rameau avec fruit mûr et non mûrs. — A⁴ Coupe transversale du fruit (Texte, p. 13₀₈).

B. **Juniperus virginiana** L. var. **Cinerascens** — B. Rameau avec fruits. — 2. B⁴ Extrémité d'une pousse avec inflorescence — C² Fleur femelle à l'extrémité d'une pousse. — C³ Coupe longitudinale du fruit (Texte, p. 13₀₈).

## XXXII

**Taxus baccata** var. **Dovastoni** Carr. — 1. Ramule avec inflorescences mâles et femelles. — 2. Rameau avec fruit a différents degrés de développement. — 3. Chaton mâle. 4. Le même, coupé. — 5. Étamine avec ses loges antheriferes. — 6 et 7. Fleur femelle. — 8. Fruit isolé. 9. Coupe du fruit. — 10. Graine grandeur naturelle et grossie (Texte, p. 136₅).

## XXXII *bis*

**Taxodium distichum** Rich. — 1. Rameau avec *a*, Fruit developpe; *b*, Inflorescences mâles. — 2. Strobiles mûrs. — 3. Coupe du même. — 4. Ecaille avec ses graines. — 5. Graine isolée. — 6 et 7. Feuille grandeur naturelle et grossie (Texte, p. 13₅3).

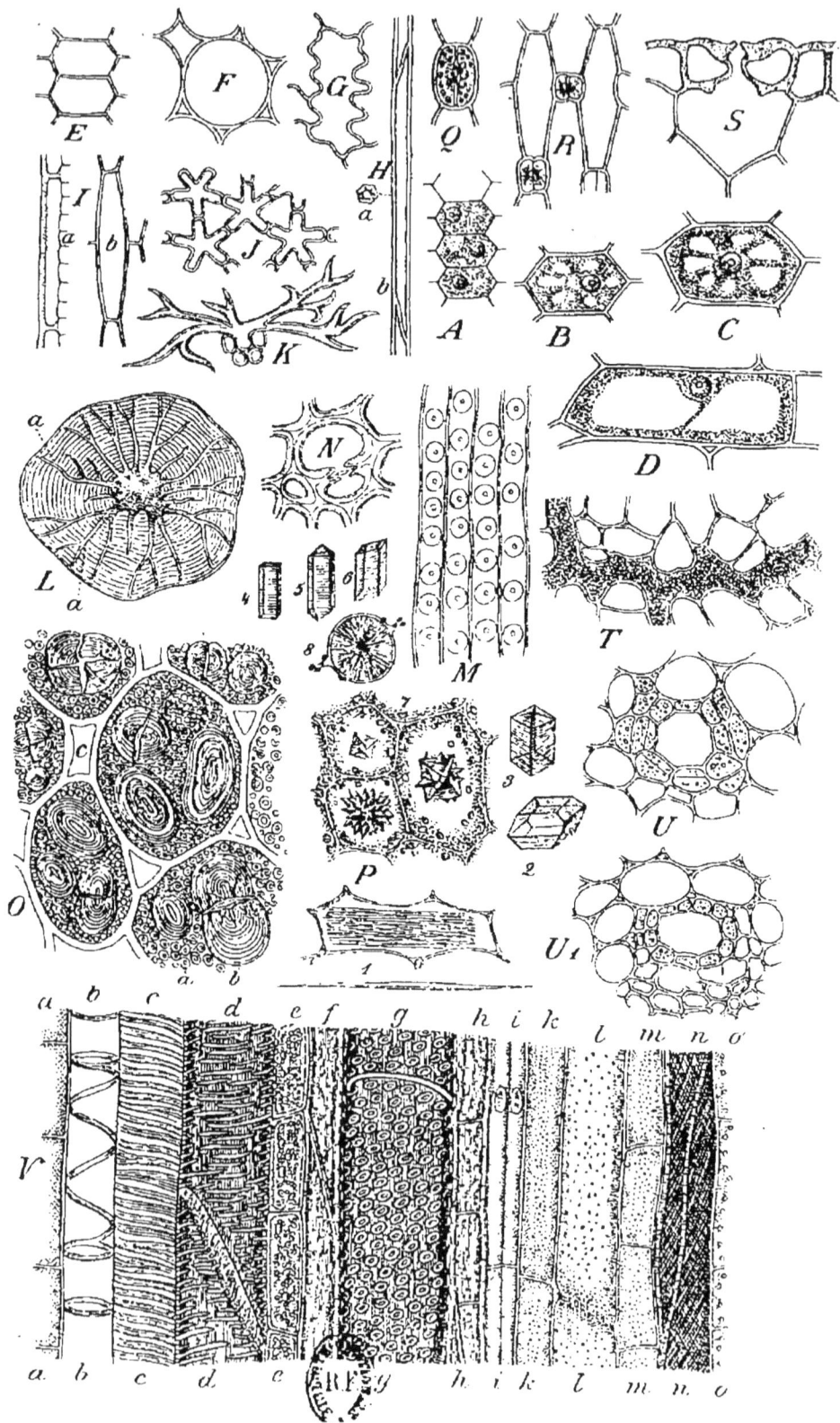

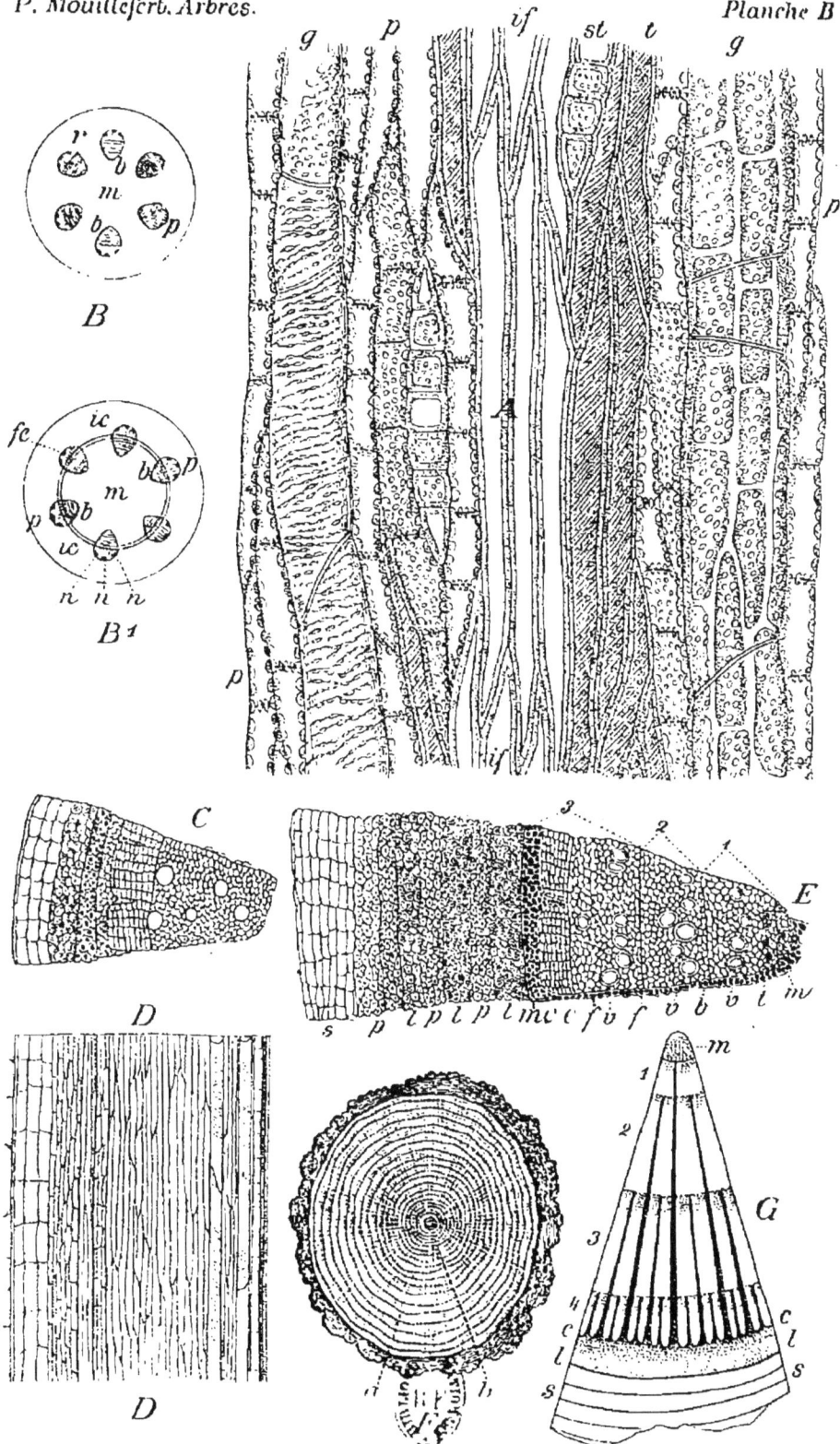

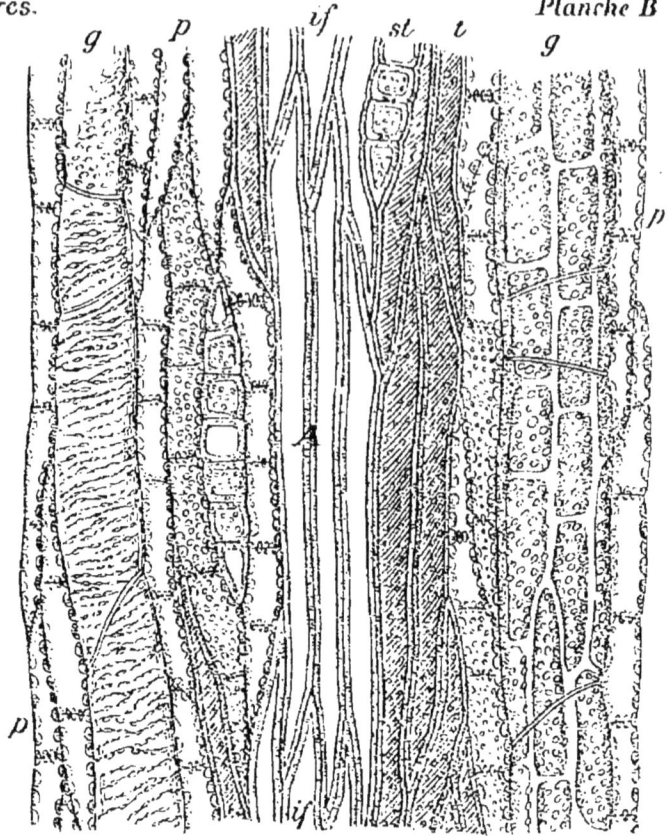

B

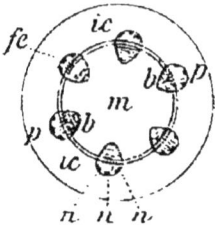

B¹

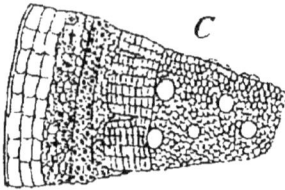

C

D

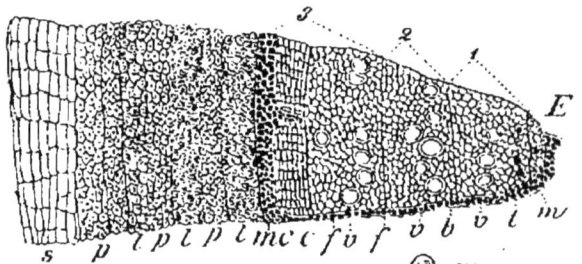

E

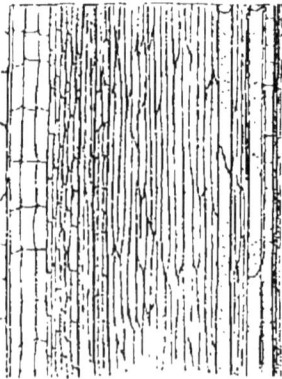

D

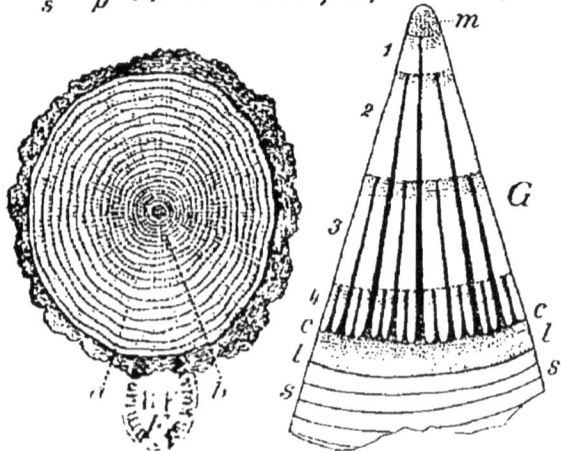

G

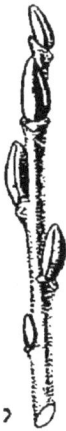

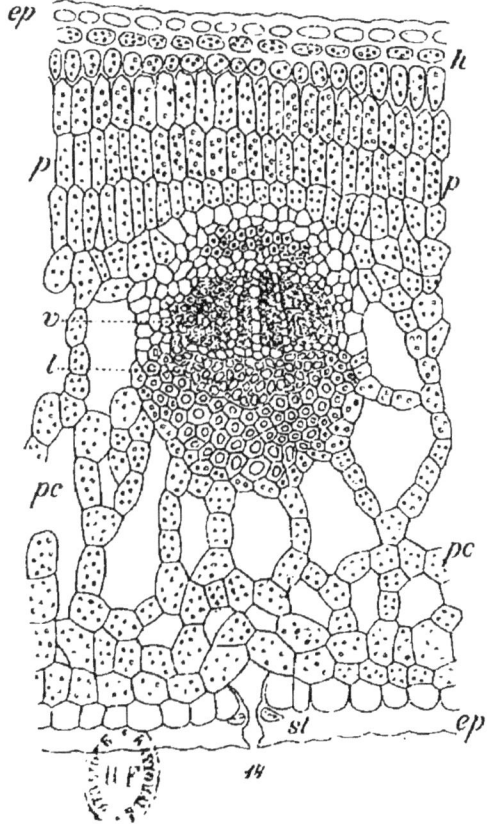

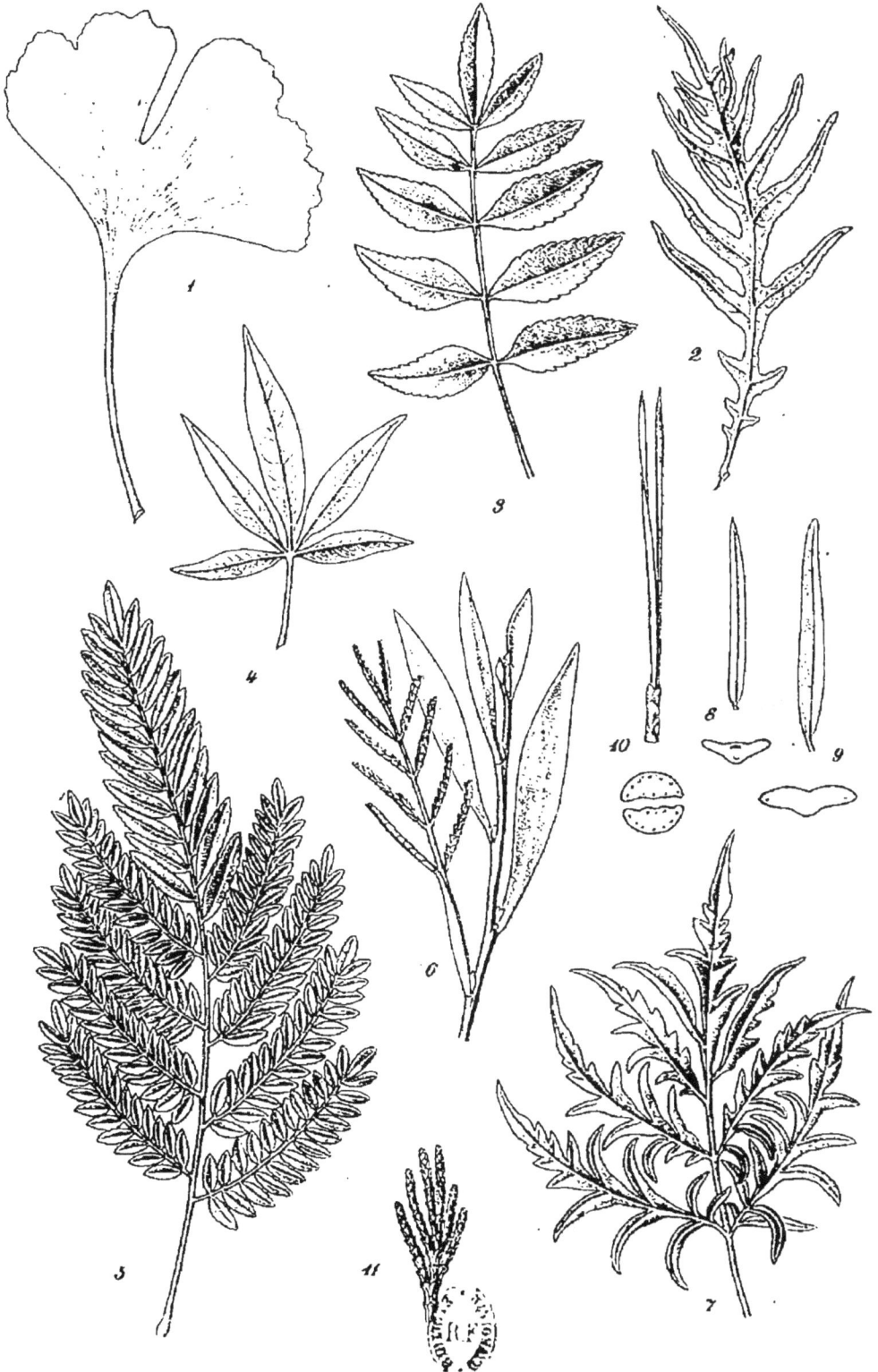

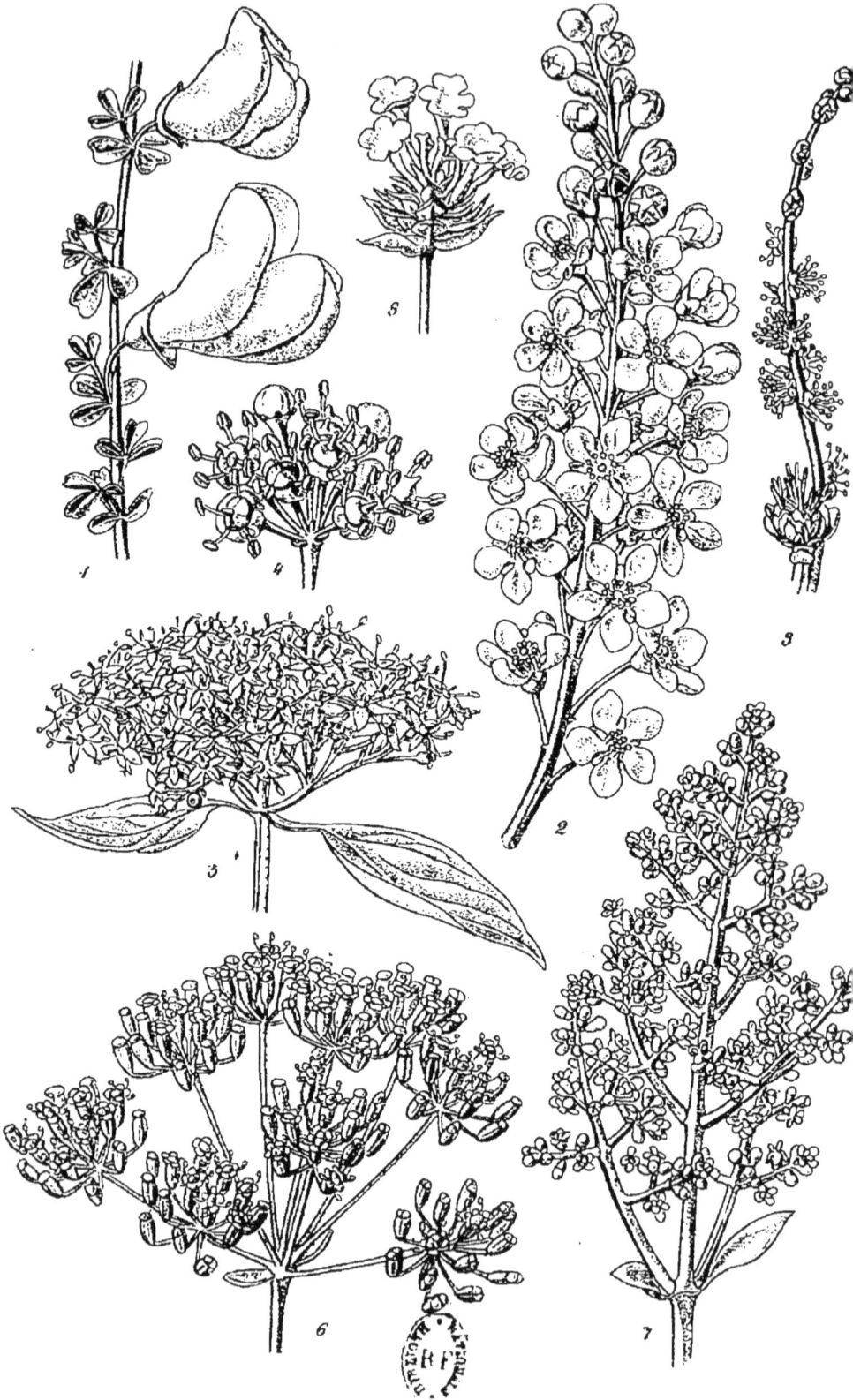

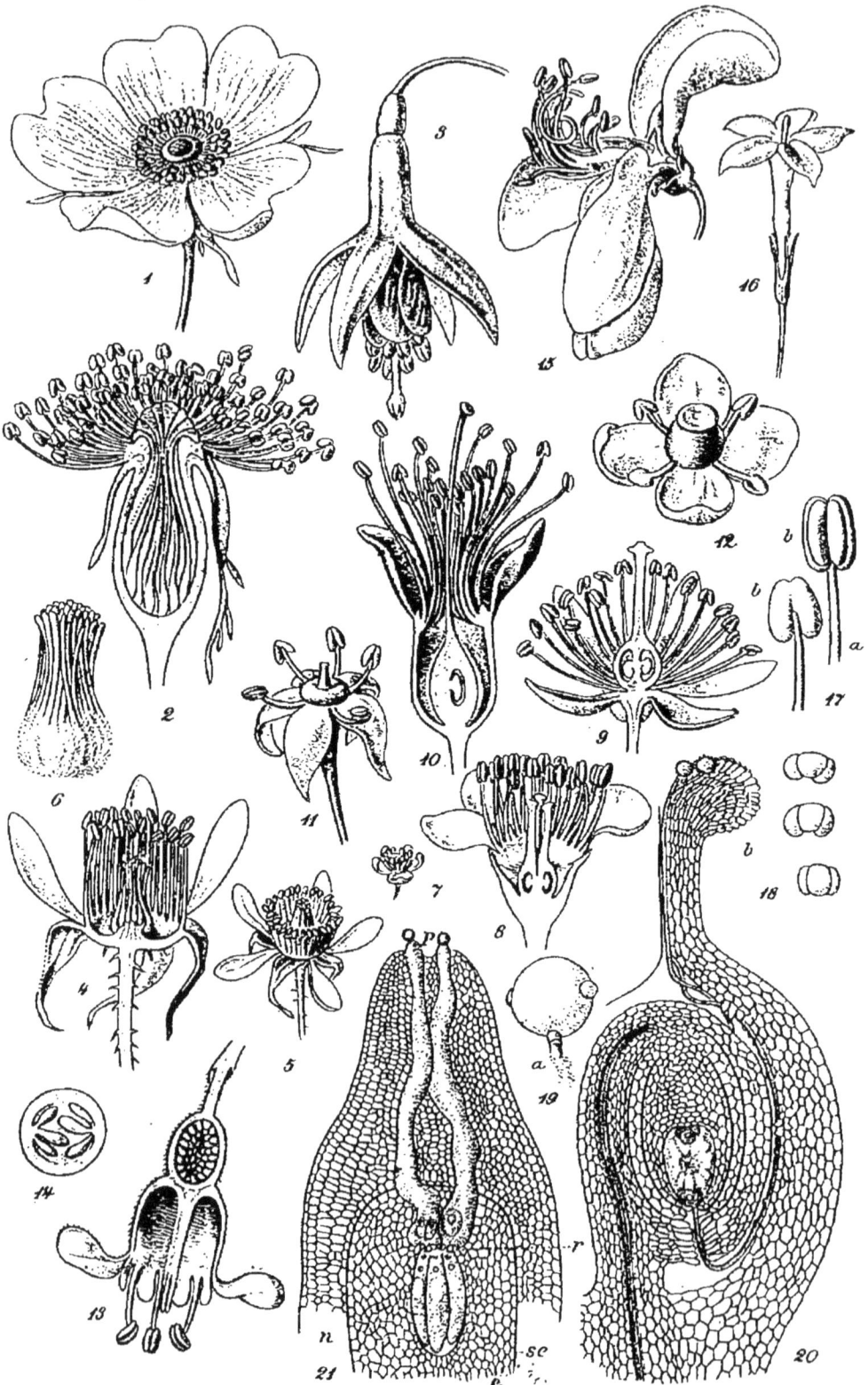

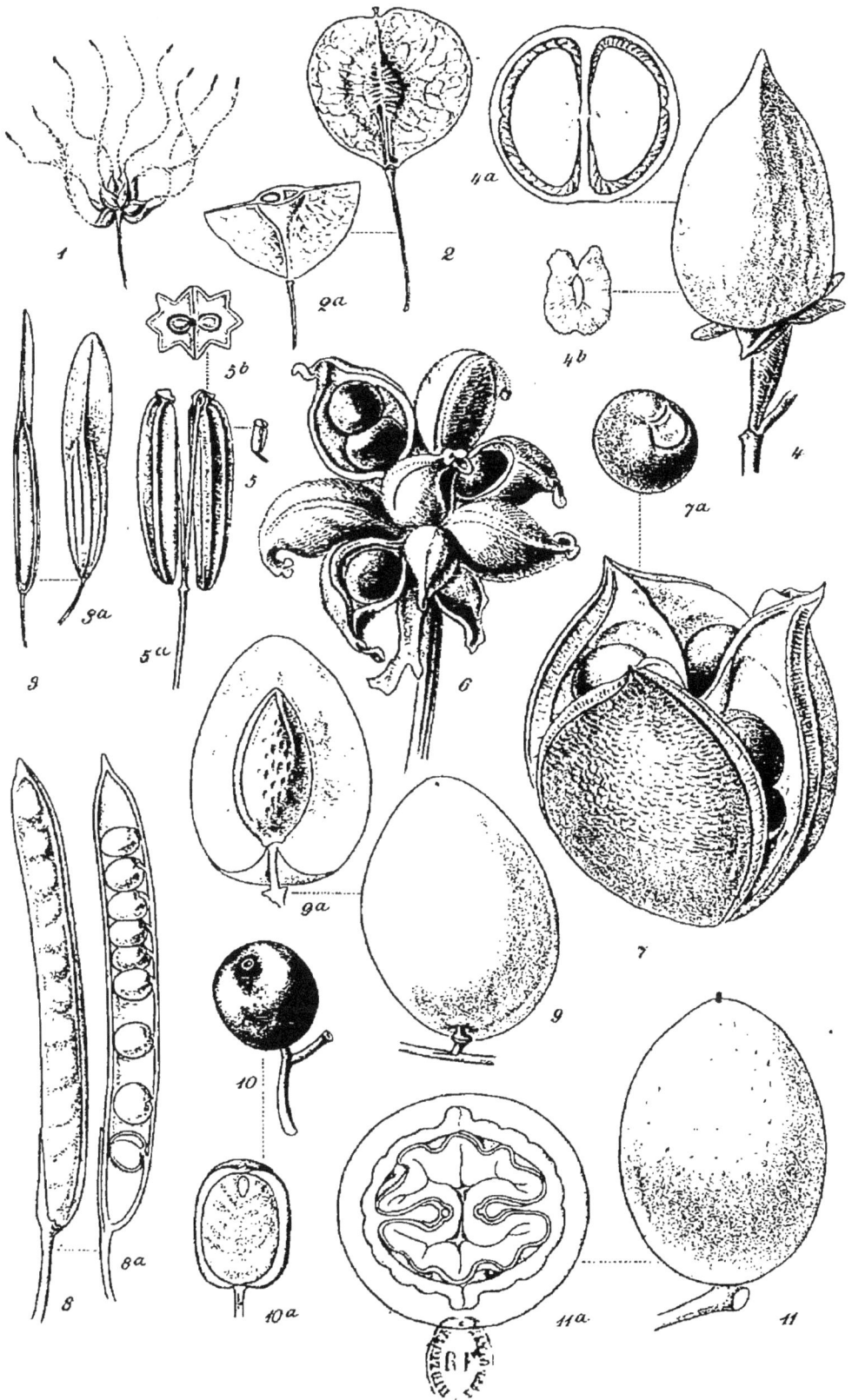

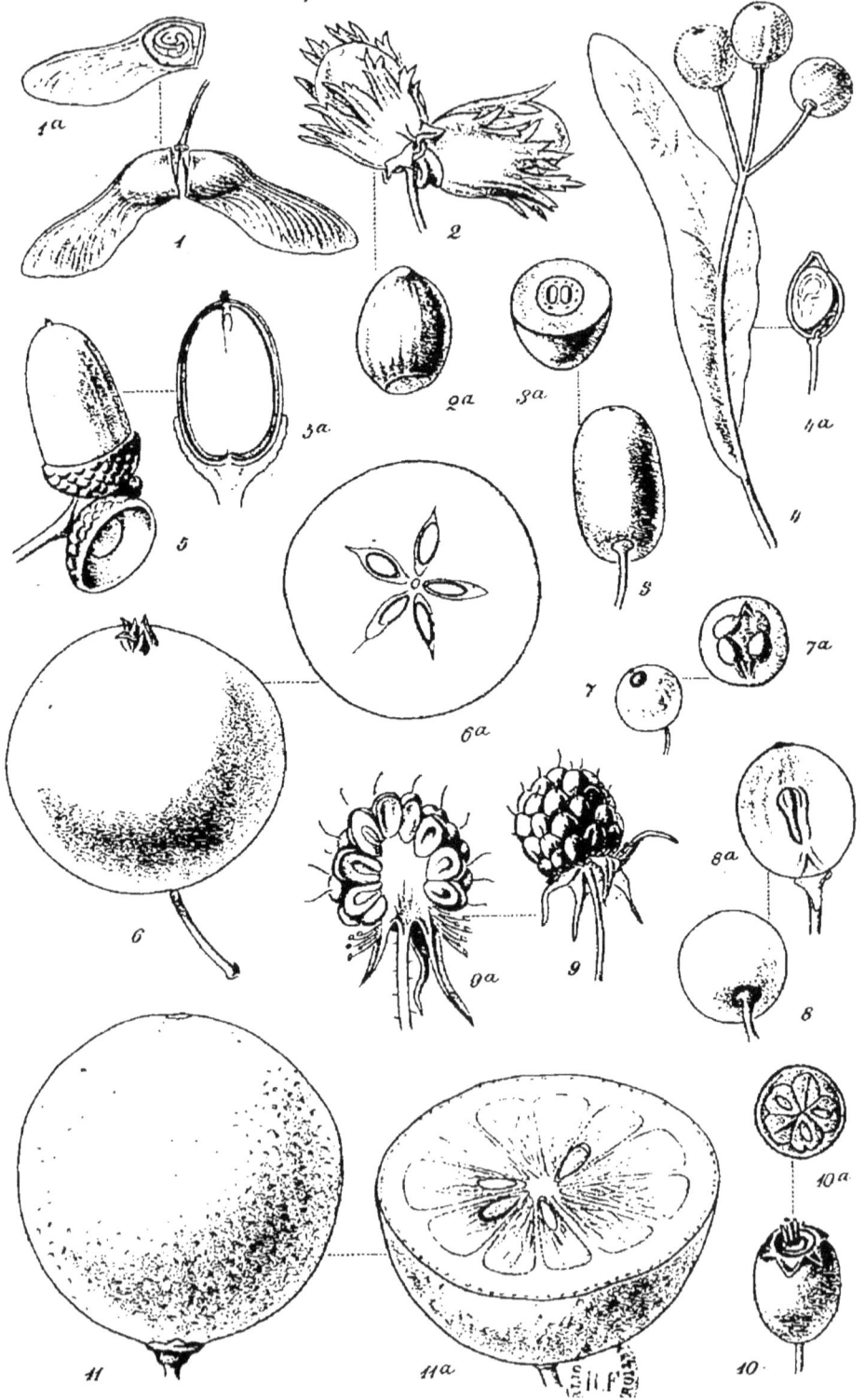

*1a*

*1*

*2*

*2a*

*3a*

*3a.*

*4a*

*4*

*5*

*5*

*6a*

*7*

*7a*

*6*

*9a*

*9*

*8a*

*8*

*11*

*11a*

*10a*

*10*

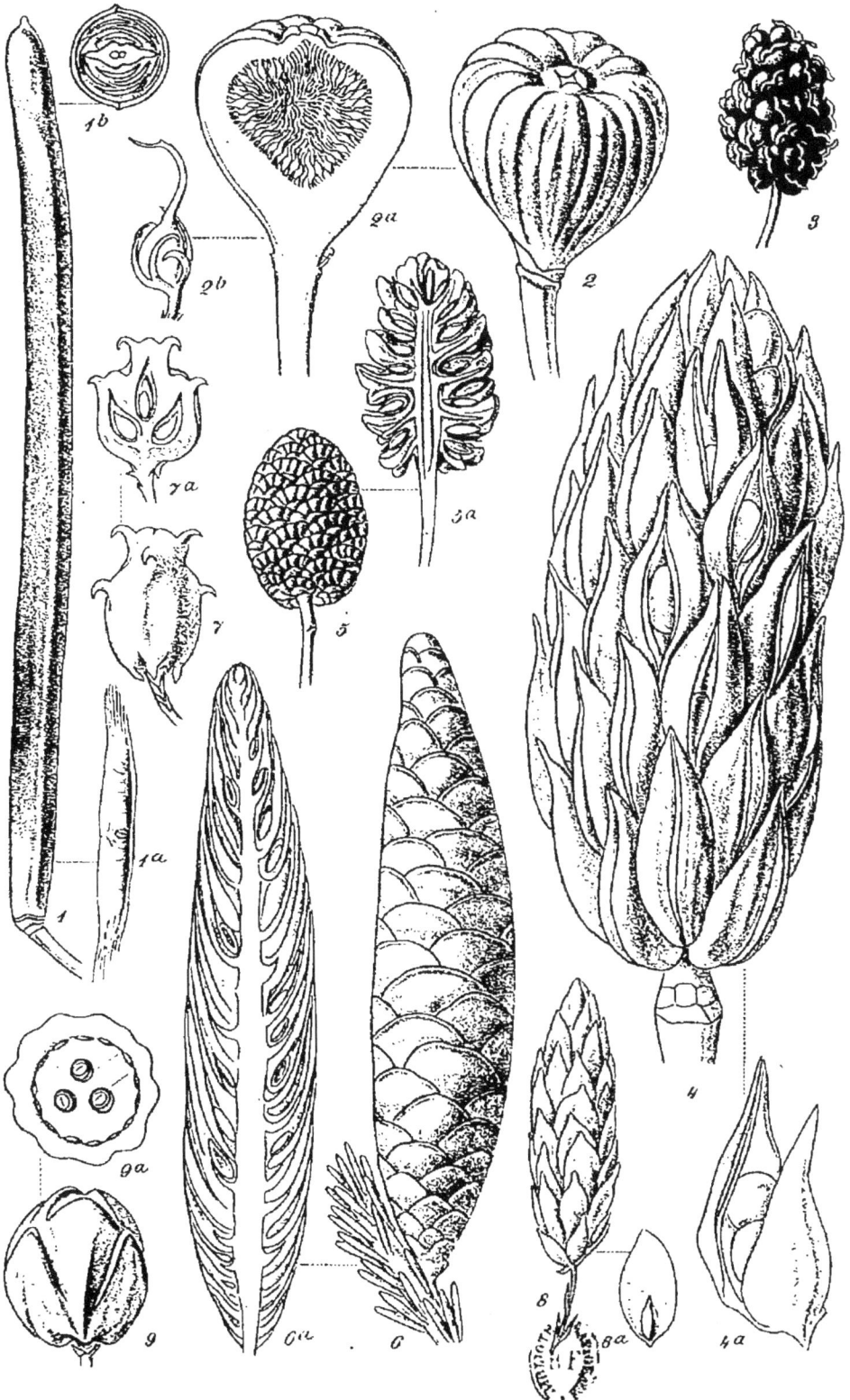

Imp. Phot. ARON Frères, à Paris.                                    Paul KLINCKSIECK, éditeur à Paris.

**MAGNOLIA A GRANDES FLEURS.** — Magnolia grandiflora. Michx. fils.

Hauteur 18 mètres. Tronc 1.60 de circonférence

PATRIE   États Unis                          Lavalette près Montpellier        1888

Imp. Phot. ARON Frères, à Paris.      Paul KLINCKSIECK, éditeur à Paris.

## MAGNOLIA A GRANDES FEUILLES. — M. MACROPHYLLA. MICHX. FILS.

Hauteur 6ᵐ. Tronc 0ᵐ60 de circonférence

PATRIE: ÉTATS-UNIS      TRIANON 1887

Imp. Phot. ARON Frères, à Paris.

Paul KLINCKSIECK, Éditeur à Pa

MAGNOLIA YULAN DESF. (M. CONSPICUA. SALISB) — MAGNOLIA YULAN.

Hauteur 8 mètres

Imp. Phot. ABON Frères, à Paris.                    Paul KLINCKSIECK, éditeur à Paris.

**TULIPIER DE VIRGINIE. — LIRIODENDRON TULIPIFERA. LIN**

Hauteur 25 mètres. Tronc 3 mètres de circonférence

PATRIE : ÉTATS-UNIS                              LA MALMAISON 1808

Imp. Phot. ARON Frères, à Paris

Paul KLINCKSIECK, éditeur à Paris.

COCCULUS A FEUILLES DE LAURIER. - COCCULUS LAURIFOLIUS. DC.

Hauteur 5 mètres.

Imp. Phot. ARON Frères, à Paris.
Paul KLINCKSIECK, éditeur à Paris.

AILANTE GLANDULEUX (VERNIS DU JAPON). — AILANTUS GLANDULOSA. DESF

Hauteur 28 mètres. Tronc 3.20 de circonférence

PATRIE : JAPON

Imp. Phot. ARON Frères, 6 Paris.

Paul KLINCKSIECK, éditeur à Paris.

**ORANGER A FRUIT DOUX. — CITRUS AURANTIUM. LIN.**

Hauteur 11 mètres. Tronc 1.80 de circonférence.

ot ARON Frères, à Paris.                                                      Paul KLINCKSIECK, éditeur à Paris.

**CITRONNIER COMMUN. (MASSIF.)** R.F CITRUS LIMONIUM. RIS & POIT.

Hauteur 4 à 5 mètres.

PATRIE: CHINE MÉRIDIONALE                                    MENTON 1888

Paul KLINCKSIECK, éditeur à Paris.

**CEDRELA DE LA CHINE. — CEDRELA SINENSIS. A. JUSS.**

Hauteur 10 mètres. Tronc 0.80 de circonférence

Imp. Phot. ARON Frères, à Paris.

R. F.

Paul KLINCKSIECK, éditeur à Paris.

## LILAS DES INDES. — MELIA AZEDARACH. LIN

Hauteur 12 mètres. Tronc 1.20 de circonférence

PATRIE. INDES

JARDIN BOT. MONTPELLIER 1886

**GRENADIER COMMUN. — PUNICA GRANATUM. LIN**

Hauteur 4 mètres. Tronc, 0.60 de circonférence

PATRIE : RÉGION MÉDITERRANÉENNE. COLLIOURE 1887

Imp. Phot. ARON Frères, à Paris.

Paul KLINCKSIECK, éditeur à Paris.

**EUCALYPTUS GLOBULEUX.** — EUCALYPTUS GLOBULUS. LABILL.

Hauteur 26 mètres. Tronc 3 mètres de circonférence.

PATRIE : AUSTRALIE

JARDIN D'ACCLIMATATION NICE 1888

Imp. Phot. ARON Frères, à Paris.

Paul KLINCKSIECK, éditeur à Paris.

**EUCALYPTUS VIMINAL — Eucalyptus viminalis. Labill.**

Hauteur 20 mètres. Tronc 1,70 de circonférence

PATRIE : Sud-Est de l'Australie

Jard. d'Acclimatation. Hyères 1888

**MELALEUCA DÉCUSSÉ. — Melaleuca decussata. R. Br.**

Hauteur 7 mètres. Tronc 1.30 de circonférence

PATRIE : Sud-Est d'Australie           Jard. de la Ville d'Hyères 1888

Imp. Phot. ARON Frères, à Paris.                    Paul KLINCKSIECK, éditeur à Paris.

## MELALEUCA D'HUEGEL. — MELALEUCA HUEGELI. MAC. OWEN.

Hauteur 12". — Tronc 1"30 de circonférence.

PATRIE : LA NOUVELLE HOLLANDE                 JARD. BOTANIQUE. CAPE TOWN 1880

**MELALEUCA CUTICULAIRE.** — MELALEUCA CUTICULARIS. HORT.

Hauteur 5 et 7 mètres. Tronc 1.40 et 1.50 de circonférence

PATRIE : NOUVELLE HOLLANDE JARD. BOTANIQUE. CAPE TOWN 1880

Imp. Phot. ARON Frères, à Paris

Paul KLINCKSIECK, éditeur à Paris.

**CALLISTEMON LANCEOLÉ. — CALLISTEMON LANCEOLATUM. DC.**

Hauteur 4 mètres

PATRIE : AUSTRALIE.

JARDIN D'ACCLIMATATION, NICE 1888

Imp. Phot. ARON Frères, à Paris.

Paul KLINCKSIECK, éditeur à Paris

## CALLISTEMON ÉLÉGANT. — CALLISTEMON SPECIOSUM DC.

Hauteur 10 mètres. Tronc 1.20 de circonférence

PATRIE : NOUVELLE HOLLANDE

CAPE TOWN 1889

**AMANDIER COMMUN. — Amygdalus communis. L.**

Hauteur 12 mètres. Tronc 1,50 de circonférence

**AMANDIER FAUX PÊCHER. — AMYGDALUS PERSICOÏDES. DECNE.**

Hauteur 8.50. Tronc 0.80 de circonférence

ORIGINE: Hybride ? MUSEUM PARIS 18

*Imp. Phot. ARON Frères, à Paris*                    Paul KLINCKSIECK, éditeur à Paris.

## PÊCHER COMMUN. — Persica vulgaris. Mill.

Hauteur 7 mètres. Tronc o.50 de circonférence

PATRIE : Chine                                      Gardonne Dordogne 1880

Imp. Phot. ARON Frères, à Paris.        Paul KLINCKSIECK, éditeur à Paris.

## PÊCHER DE DAVID. — Persica davidiana. Carr.

Hauteur 6 mètres. Tronc 0,50 de circonférence

Imp. Phot. ABON Frères, à Paris.      Paul KLINCKSIECK, éditeur à Paris.

**ABRICOTIER COMMUN. — ARMENIACA SATIVA. LAMK.**

Hauteur 9 mètres. Tronc 1,20 de circonférence

PATRIE : ORIENT         GARDONNE. DORDOGNE 1886

Imp. Phot. ARON Frères, à Paris.

Paul KLINCKSIECK, Éditeur à Paris

**PRUNIER DOMESTIQUE. — Prunus domestica Lin.**

Hauteur 4 mètres. Tronc o 60 de circonférence

*Imp. Phot. ARON Frères, à Paris.*     Paul KLINCKSIECK, éditeur à Paris.

**CERISIER MERISIER. — CERASUS AVIUM MŒNCH.**

Hauteur 10ᵐ. Tronc 1ᵐ20 de circonférence

*Imp. Phot. ARON Frères, à Paris*        Paul KLINCKSIECK, éditeur à Paris

## CERISIER ACIDE VAR· DE MONTMORENCY. CERASUS ACIDA GŒRTN.

Hauteur 8 mètres; Tronc 1.40 de circonférence

PATRIE : EUROPE        MONTMORENCY 18

Imp. Phot. ARON Frères, à Paris.

Paul KLINCKSIECK, éditeur à Paris.

**CERISIER MAHALEB (BOIS DE SAINTE-LUCIE). — CERASUS MAHALEB. MILL.**

Hauteur 11 mètres. Tronc 1 mètre de circonférence

PATRIE : EUROPE

Imp. Phot. ARON Frères, à Paris.

Paul KLINCKSIECK, éditeur à Paris.

**NÉFLIER DE SMITH. — MESPILUS SMITHIL DC.**

Hauteur 7 mètres. Tronc 0.80 de circonférence

PATRIE : CAUCASE

*Imp. Phot. ARON Frères, à Paris.*       Paul KLINCKSIECK, éditeur à Paris.

## AUBÉPINE A FRUIT JAUNE. — CRATÆGUS FLAVA AIT.

Hauteur 9ᵐ. Tronc 0ᵐ90 de circonférence

Imp. Phot. ARON Frères, à Paris.    Paul KLINCKSIECK, éditeur à Paris

AUBÉPINE DE MEXIQUE VAR. — CRATÆGUS MEXICANA. MOÇ. ET SESS VAR.

Hauteur 6 mètres. Tronc 0.60 de circonférence

Imp. Phot. ARON Frères, à Paris

Paul KLINCKSIECK, éditeur à Paris.

AUBÉPINE DE CARRIÈRE. — CRATÆGUS CARRIERI REV. HORT.

Hauteur 5 mètres. Tronc 0.40 de circonférence

*Imp. Phot. ARON Frères, à Paris.*      Paul KLINCKSIECK, éditeur à Paris.

**AUBÉPINE A FEUILLES LUISANTES. — CRATÆGUS LUCIDA MILL.**

Hauteur 6 mètres. Tronc 1.50 de circonférence

PATRIE : ÉTATS-UNIS      MUSEUM. PARIS 1888

Imp. Phot. ABON Frères, à Paris.                                    Paul KLINCKSIECK, éditeur à Paris.

AUBÉPINE A FEUILLES LINÉAIRES. — CRATÆGUS LINEARIS. PERS.

Hauteur 5 mètres. Tronc 0.60 de circonférence

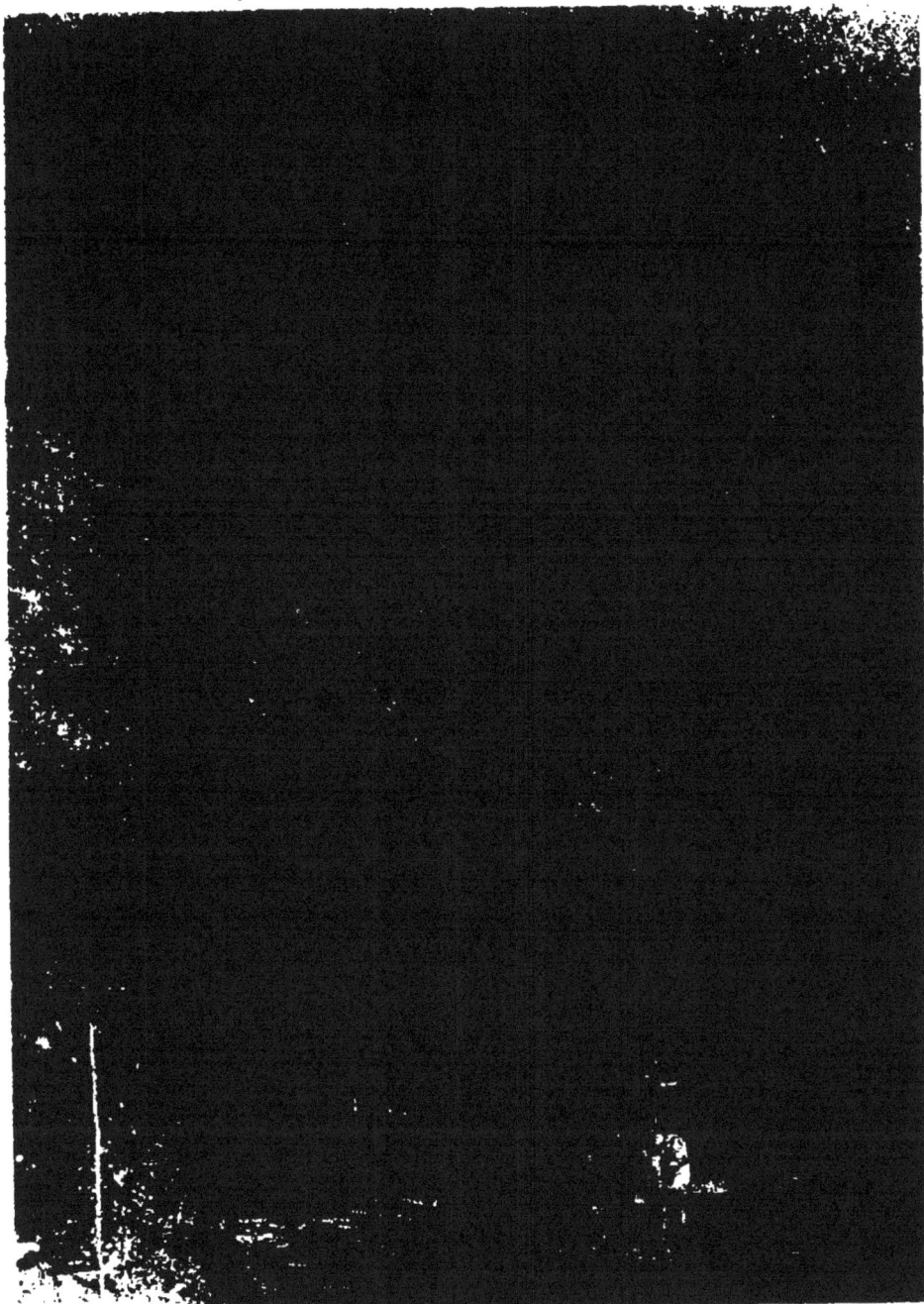

                    Paul KLINCKSIECK, éditeur à Paris.

**AUBÉPINE NOIRE. — CRATÆGUS NIGRA. WALD.**

Hauteur 10 mètres. Tronc 1.10 de circonférence

Imp. Phot. ARON Frères, à Paris. Paul KLINCKSIECK, éditeur à Paris

**AUBÉPINE AZEROLIER. — CRATÆGUS AZAROLUS. LIN.**

Hauteur 8 mètres. Tronc 1 mètre de circonférence

PATRIE : EUROPE MÉRIDIONALE

VILLA THURET. ANTIBES 188?

Imp. Phot. ARON Frères, à Paris.        Paul KLINCKSIECK, éditeur à Paris

**AUBÉPINE MONOGYNE VAR. PYRAMIDALE.— CRATÆGUS MONOGYNA JACQ. VAR. FASTIGIATA.**

Hauteur 9 mètres. Tronc 0.90 de circonférence

PATRIE : EUROPE        SEGREZ, 1888

Imp. Phot. ARON Frères, à Paris.         Paul KLINCKSIECK, éditeur à Paris.

## COTONÉASTER DES NEIGES. — Cotoneaster frigida Lindl.

Hauteur 4 mètres. Age 18 ans

PATRIE : Néfaul          Arboretum. Crignon 1889

Imp. Phot. ARON Frères, à Paris.                    Paul KLINCKSIECK, éditeur à Paris.

**ALISIER BLANC A FEUILLES OBTUSES.** — Sorbus aria obtusifolia D. C.

Hauteur 14ᵐ. Tronc 1ᵐ40 de circonférence

PATRIE : Europe                                              GRIGNON, 1889

Imp. Phot. ARON Frères, à Paris.

Paul KLINCKSIECK, éditeur à Paris.

**SORBIER DOMESTIQUE.** — SORBUS DOMESTICA LIN.

Hauteur 15ᵐ. Tronc 2ᵐ70 de circonférence

PATRIE : EUROPE

LES BARRES 1890

Imp Phot. ARON Frères, à Paris. Paul KLINCKSIECK, éditeur à Paris

## SORBIER HYBRIDE. — SORBUS HYBRIDA LIN.

Hauteur 12ᵐ. — Tronc 1ᵐ6; de circonférence.

PATRIE : EUROPE

Imp. Phot. ARON Frères, à Paris.

Paul KLINCKSIECK, éditeur à Paris.

## ALISIER TORMINAL. — Sorbus torminalis Crantz.

Hauteur 19ᵐ. Tronc 1ᵐ50 de circonférence

PATRIE : Europe

GRIGNON 1888

Imp. Phot. ARON Frères, à Paris.     Paul KLINCKSIECK, éditeur à Paris

## POIRIER COMMUN. — PIRUS COMMUNIS. LIN.

Hauteur 15ᵐ. Tronc 2ᵐ50 de circonférence

PATRIE : EUROPE     FEUCHEROLLES (S.-&-O.) 1887

Imp. Phot. ARON Frères, à Paris.        Paul KLINCKSIECK, éditeur à Paris

## POMMIER COMMUN. — MALUS COMMUNIS LMK

Hauteur 10ᵐ. Tronc 1ᵐ60 de circonférence

PATRIE : EUROPE        GRIGNON 1891

Imp. Phot. ARON Frères, à Paris. .Paul KLINCKSIECK, éditeur à Paris

**POMMIER A BOUQUETS. — Malus spectabilis Desf.**

Hauteur 5m50. Tronc 0m60 de circonférence

PATRIE : Chine

*Imp. Phot. ARON Frères, à Paris.*          Paul KLINCKSIECK, *éditeur à Paris*

## STRANVÆSIA GLAUCESCENT. — S. GLAUCESCENS. LINDL.

Hauteur 6ᵐ. Tronc 0ᵐ80 de circonférence

PATRIE : ASIE                    TOULON. SAINT-MANDIER 1887

Imp. Phot, ARON Frères, d Paris.

Paul KLINCKSIECK, éditeur à Paris.

## PHOTINIA SERRULÉ. — PHOTINIA SERRULATA LINDL.

Hauteur 7ᵐ. Tronc 1ᵐ10 de circonférence

PATRIE : CHINE

SAINTE-FOY-LA-GRANDE 1886

Imp. Phot. ABON Frères, à Paris.       Paul KLINCKSIECK, éditeur à Paris

**PHOTINIA SERRULÉ VAR.A FEUILLES RONDES.-** Photinia serrulata. Lindl.var.rotundifolia

Hauteur 6$^m$.50 Tronc 1$^m$ de circonférence

NÉFLIER DU JAPON. — ERIOBOTRYA JAPONICA. LINDL.

Hauteur 7ᵐ. Tronc 0ᵐ80 de circonférence

PATRIE : CHINE & JAPON

MENTON

**ROBINIER FAUX ACACIA.** — ROBINIA PSEUDO ACACIA LIN.

(Premier individu introduit en 1601)

Hauteur 14ᵐ. Tronc 2ᵐ50 de circonférence

PATRIE : ÉTATS-UNIS                                    MUSEUM PARIS 1887

Imp. Phot. ARON Frères, à Paris     Paul KLINCKSIECK, éditeur à Paris

ROBINIER FAUX ACACIA. — ROBINIER PSEUDO ACACIA LIN.

Hauteur 24ᵐ. Tronc 3ᵐ de circonférence

PATRIE : ÉTATS-UNIS     BOIS DE BOULOGNE 1888

Imp. Phot. ARON Frères, « Paris

Paul KLINCKSIECK, éditeur à Paris

CYTISE DES ALPES. — CYTISUS ALPINUS MILL.

Hauteur 8ᵐ. Tronc 1ᵐ20 de circonférence

PATRIE : EUROPE

GRIGNON 1887

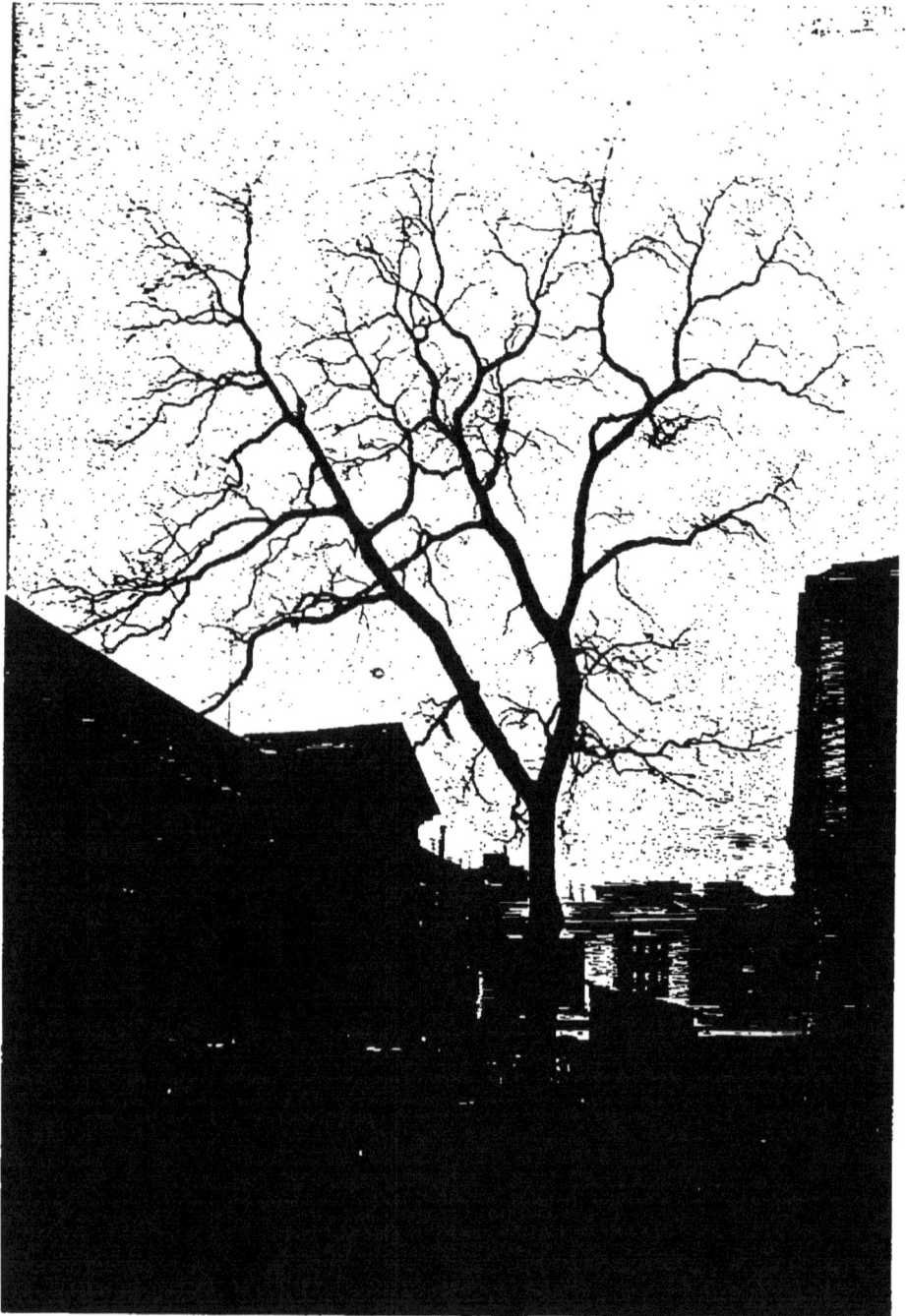

Imp. Phot. ARON Frères, à Paris.

Paul KLINCKSIECK, éditeur à Paris.

**SOPHORA DU JAPON.** — Sᴏᴘʜᴏʀᴀ ᴊᴀᴘᴏɴɪᴄᴀ ʟɪɴ.

Hauteur 25ᵐ. — Tronc 3ᵐ de circonférence

Imp. Phot. ARON Frères, à Paris          Paul KLINCKSIECK, éditeur à Paris.

**SOPHORA DU JAPON PLEUREUR.— SOPHORA JAPONICA VAR. PENDULA HORT.**

Hauteur 6ᵐ.50  Circonférence 1ᵐ

PATRIE: JAPON                              ECOLE DE GRIGNON 1891

*Imp. Phot. ARON Frères, à Paris.*       Paul KLINCKSIECK, éditeur à Paris

## FÉVIER A TROIS ÉPINES. — GLEDITSCHIA TRIACANTHOS LIN.

Hauteur 22ᵐ. — Tronc 2ᵐ30 de circonférence

PATRIE : ÉTATS-UNIS

Imp. Phot. ARON Frères, à Paris.

Paul ELINCKSIECK, éditeur à Paris

## GAINIER ARBRE DE JUDÉE. — CERCIS SILIQUASTRUM LIN.

Hauteur 12ᵐ. Tronc 1ᵐ10 de circonférence

PATRIE : RÉGION MÉDITERRANÉENNE

JARD. BOT. MONTPELLIER 1886

*Imp. Phot. ARON Frères,-à Paris.*

Paul KLINCKSIECK, éditeur à Pa

**CAROUBIERS COMMUNS. — CERATONIA SILIQUA. LIN.**

Hauteur 12-15ᵐ. — Tronc 1ᵐ50 et 2ᵐ50 de circonférence

PATRIE : RÉGION MÉDITERRANÉENNE

VILLEFRANCHE (ALPES-MARIT.) 188

Paul KLINCKSIECK, éditeur à Paris.

## CHICOT DU CANADA. — GYMNOCLADUS CANADENSIS. LMK.

Hauteur 16ᵐ. Tronc 1ᵐ80 de circonférence

## ACACIA A BOIS NOIR. — A. Melanoxylon R. Br.

Hauteur 10ᵐ. Tronc 1ᵐ10 de circonférence

PATRIE : Australie

MENTON 1888

*Imp. Phot. ARON Frères, à Paris*       Paul KLINCKSIECK, éditeur à Paris

ACACIA A LONGUES FEUILLES. — ACACIA LONGISSIMA WENDL.

Hauteur 8ᵐ. Tronc 1ᵐ de circonférence

Imp. Phot. ARON Frères, à Paris.          Paul KLINCKSIECK, Éditeur à Paris

## ACACIA FALCIFORME. — ACACIA FALCATA WILLD.

Hauteur 15ᵐ. Tronc 1ᵐ10 de circonférence

PATRIE : AUSTRALIE          FUNCHAL, MADÈRE 1889

## ACACIA FÉROCE. — ACACIA HORRIDA WILLD.

Hauteur 9ᵐ. Tronc 0ᵐ80 de circonférence

PATRIE : CAP DE BONNE-ESPÉRANCE GOLFE JUAN 1888

Paul KLINCKSIECK, éditeur à Paris

MOLLÉ PLEUREUR.— Schinus Molle Lin.

Hauteur 7ᵐ. Tronc 1ᵐ30 de circonférence

PATRIE : Chili, Pérou

Imp. Phot. ARON Frères, à Paris.

Paul KLINCKSIECK, éditeur à Paris

## MARRONNIER D'INDE.— Æsculus hippocastanum Lin.

Hauteur 25ᵐ. Tronc 3ᵐ80 de circonférence

PATRIE : Asie Occidentale

LAMOTHE-BEUVRON 1887

*Imp. Phot. ABON Frères, à Paris* Paul KLINCKSIECK, *éditeur à Paris.*

## MARRONNIER ROUGE.— ÆSCULUS RUBICUNDA LOIS.

Hauteur 19ᵐ. Tronc 1ᵐ90 de circonférence

PATRIE : INCONNUE

Imp. Phot ARON Frères, à Paris.                    Paul KLINCKSIECK, éditeur à Paris.

## PAVIA À FLEURS JAUNES. — ÆSCULUS (PAVIA) FLAVA AIT.

Hauteur 11ᵐ. Tronc 1ᵐ20 de circonférence

PATRIE : ÉTATS-UNIS                              ÉCOLE DE GRIGNON, MAI 1889

*Imp. Phot. ARON Frères, à Paris.*

Paul KLINCKSIECK, éditeur à Paris.

## ÉRABLE SYCOMORE. — ACER PSEUDOPLATANUS LIN.

Hauteur 19$^m$. Tronc 2$^m$ de circonférence

PATRIE : EUROPE

ÉCOLE DE GRIGNON, MARS 1891

Imp. Phot. ARON Frères, à Paris.

Paul KLINCKSIECK, Éditeur à Paris.

ÉRABLE CHAMPÊTRE. — ACER CAMPESTRE LIN.

Hauteur 16ᵐ. — Tronc 1ᵐ60 de circonférence.

PATRIE : EUROPE

ÉCOLE DE GRIGNON, MAI 1889

Imp. Phot. ARON Frères, à Paris                    Paul KLINCKSIECK, éditeur à Paris.

## NERPRUN PURGATIF. — RHAMNUS CATHARTICUS LIN.

Hauteur 7ᵐ50. Tronc 0ᵐ75 de circonférence

PATRIE : EUROPE                                        MUSÉUM DE PARIS, MARS 1888

Imp. Phot ARON Frères, à Paris.

Paul KLINCKSIECK, éditeur à Paris.

## JUJUBIER COMMUN. — Zizyphus Vulgaris Lmk.

Hauteur 9ᵐ. Tronc 0ᵐ90 de Circonférence.

PATRIE : Rég. méditerr.

Muséum de Paris 1888

Imp. Phot. ARON Frères, à Paris         Paul KLINCKSIECK, éditeur à Paris.

## HOVÉNIA À FRUIT DOUX. — HOVENIA DULCIS THUNB.

Hauteur 12ᵐ. Tronc 1ᵐ10 de circonférence

PATRIE : JAPON          VILLA THURET (ALPES-MARITIMES) 1888

*Imp. Phot. ARON Frères, à Paris.*　　　　　Paul KLINCKSIECK, éditeur à Paris.

## HOUX COMMUN. — ILEX AQUIFOLIUM LIN.

Hauteur 16ᵐ. Tronc 1ᵐ20 de circonférence

PATRIE : EUROPE　　　　　　　LE BOUSQUET D'ORB (HÉRAULT) 1887

Imp. Phot. ARON Frères, à Paris.

Paul KLINCKSIECK, éditeur à Paris.

**BUIS COMMUN. — BUXUS SEMPERVIRENS LIN.**

Hauteur 8ᵐ. Tronc 0ᵐ70 de circonférence

PATRIE : EUROPE

Imp. Phot. ARON Frères, é Paris.      Paul KLINCKSIECK, éditeur à Paris

## STERCULIA À FEUILLES DE PLATANE. — STERCULIA PLATINIFOLIA LIN.

Hauteur 22ᵐ. Tronc 2ᵐ20 de circonférence

PATRIE : CHINE      JARD. BOTAN. DE MONTPELLIER 1887

Imp. Phot. ARON Frères, à Paris.　　　　　　　Paul KLINCKSIECK, éditeur à Paris

## TILLEUL À GRANDES FEUILLES. — TILIA GRANDIFOLIA. EHRH.

Hauteur 23ᵐ. — Tronc 2ᵐ40 de circonférence.

PATRIE : EUROPE　　　　　　　　　　　　　　　　GRIGNON, FÉVRIER 1886

Imp. Phot. ARON Frères, à Paris.

Paul KLINCKSIECK, éditeur à Paris.

## TILLEUL ARGENTÉ. — TILIA ARGENTEA. DC.

Hauteur 16ᵐ. Tronc 1ᵐ80 de circonférence

PATRIE: EUROPE AUSTRALE

GRIGNON 1886

Imp. Phot. ARON Frères, à Paris.      Paul KLINCKSIECK, éditeur à Paris

## TAMARIX DE FRANCE. — TAMARIX GALLICA LIN.

Hauteur 10ᵐ. Tronc 1ᵐ20 de circonférence

PATRIE : EUROPE      LEUCATHE (AUDE) 1887

## FIGUIER DE BARBARIE. — OPONTIA FICUS INDICA. MILLER

Hauteur 5<sup>m</sup>. Tronc 1<sup>m</sup>50 de circonférence

PATRIE : AMÉRIQUE CENTRALE        VILLA THURET (ANTIBES) 1888

## ARALIA DE HUMBOLDT. — ARALIA HUMBOLDTIANA HORT.

Hauteur 6ᵐ50. Cime 4ᵐ de diamètre

PATRIE : AMÉRIQUE TROPICALE        JARDIN DE MONTE-CARLO 1888

**ARALIA DE SCHÆFFLER.** — A. SCHÆFFLERI SPR.       **A. À FEUILLES DIGITÉES.** — A. DACTYLIFOLIA HORT.

Hauteur 3ᵐ50                                                   Hauteur 5ᵐ

RIE : NOUV. ZÉLANDE                 MONTE-CARLO 1888       PATRIE : NOUV. ZÉLANDE                 MONTE CARLO 1888

Imp. Phot. ARON Frères, à Paris.

Paul KLINCKSIECK, éditeur à Paris.

## CORNOUILLER MÂLE. — CORNUS MAS LIN.

Hauteur 12ᵐ. Tronc 1ᵐ20 de circonférence

PATRIE : EUROPE

ÉCOLE DE GRIGNON, MARS 1888

Paul KLINCKSIECK, éditeur à Paris.

TUPÉLO DES FORÊTS. — Nyssa sylvatica Marshall.

Hauteur 12ᵐ. Tronc 1ᵐ20 de circonférence.

PATRIE : Etats-Unis

Pépinière de la Muette 1888

Phototypie J. BOYER, Nancy.          Paul KLINCKSIECK, éditeur à Paris.

## SAULE BLANC. — SALIX ALBA L.

Hauteur 24ᵐ. Tronc 1ᵐ60 de circonférence.

PATRIE : EUROPE          MUSÉUM DE PARIS 1888

Phototypie J. ROYER, Nancy.
Paul KLINCKSIECK, éditeur à Paris.

PEUPLIER BLANC — Populus alba L.

Hauteur 32$^m$. Tronc 4$^m$ de circonférence.

PATRIE : Europe
Ste-Foy-la-Grande (Gironde) 1886

Phototypie *J. ROYER*, Nancy.　　　　Paul KLINCKSIECK, éditeur à Paris.

PEUPLIER GRISARD. — POPULUS CANESCENS SMITH.

Hauteur 28ᵐ. Tronc 2ᵐ80 de circonférence.

PATRIE : EUROPE 　　　　　GRIGNON, 1888

*Phototypie J. ROYER, Nancy.* Paul KLINCKSIECK, éditeur à Paris.

## PEUPLIER NOIR. — POPULUS NIGRA L.

Hauteur 28ᵐ. Tronc 3ᵐ de circonférence.

PATRIE : EUROPE · RIVESALTES (PYR. ORIENT.), JANVIER 1887

*Phototypie J. ROYER, Nancy.*            Paul KLINCKSIECK, éditeur à Paris.

PEUPLIER DU CANADA (MÂLE). — POPULUS CANADENSIS (MASCULA) MICHX.

Hauteur 30ᵐ. Tronc 4ᵐ de circonférence.

PATRIE : ÉTATS-UNIS            LAVALETTE (HÉRAULT) 1887

PAULOWNIA MAJESTUEUX. — PAULOWNIA IMPERIALIS SIEB.

Hauteur 18ᵐ. Tronc 3ᵐ de circonférence.

(planté en 1834)

PATRIE : JAPON                    MUSÉUM DE PARIS 1888

Phototypie J. ROYER, Nancy.      Paul KLINCKSIECK, éditeur à Paris.

**MYOPORUM ORNÉ. — MYOPORUM PICTUM (R. BR.)**

Hauteur 9$^{m}$.

PATRIE : AUSTRALIE        PARC DE MONTE CARLO, MARS 1888

Phototypie J. ROYER, Nancy.

Paul KLINCKSIECK, éditeur à Paris.

## DIOSPYROS VIRGINIANA (L.) VAR. LUCIDA.

Hauteur 13ᵐ. Tronc 1ᵐ50 de circonférence.

PATRIE : VIRGINIE

CHEZ M. SAHUT, A LATTES, MONTPELLIER, JANVIER 1887

## PLAQUEMINIER KAKI. — Diospyros Kaki Lin.

Hauteur 5ᵐ. Tronc 0ᵐ80 de circonférence.

PATRIE : Japon        Jard. d'Acclim. Hyères, Mars 1888

Phototypie J. ROYER, Nancy.

Paul KLINCKSIECK, éditeur à Paris.

PLAQUEMINIER A CÔTES. — DIOSPYROS COSTATA (HORT.).

Hauteur 5ᵐ.

PATRIE : JAPON

CHEZ M. SAHUT, MONTPELLIER, JANVIER 1888

Phototypie J. ROYER, Nancy.                    Paul KLINCKSIECK, éditeur à Paris.

OLIVIER D'EUROPE. — OLEA EUROPÆA LIN.

Hauteur 12ᵐ. Tronc 9ᵐ de circonférence.

PATRIE : Réc. Méditerr.                    JARDIN DES OLIVIERS, PRÈS DE JÉRUSALEM 1892

Phototypie J. ROYER, Nancy.                                   Paul KLINCKSIECK, éditeur à Paris

OLIVIER D'EUROPE. — OLEA EUROPÆA LIN.

Hauteur 16-17ᵐ. Tronc 4 à 5ᵐ de circonférence.

PATRIE : Rég. Méditerr.                          CAP MARTIN, PRÈS MENTON, MARS 1883

*Phototypie J. ROYER, Nancy.* Paul KLINCKSIECK, éditeur à Paris

## FRÊNE COMMUN. — FRAXINUS EXCELSIOR LIN.

Hauteur 28ᵐ. Tronc 3ᵐ30 de circonférence.

PATRIE : EUROPE                                                          GRIGNON, 1889

*Phototypie J. ROYER, Nancy.*                          Paul KLINCKSIECK, éditeur à Paris.

## TROËNE LUISANT. — LIGUSTRUM LUCIDUM AITON.

Hauteur 12ᵐ. Tronc 1ᵐ50 de circonférence.

PATRIE : CHINE                                  JARDIN DENIS, HYÈRES, MARS 1888

Phototypie J. ROYER, Nancy.                                      Paul KLINCKSIECK, éditeur à Paris

## ARBOUSIER ANDRACHNÉ. — ARBUTUS ANDRACHNE LAMK.

Hauteur 5ᵐ. Tronc 0ᵐ60 de circonférence.

PATRIE : ASIE-MINEURE                          JARD. DE M. SAHUT A LATTES, JANVIER 1887

*Phototypie J. ROYER, Nancy.*     Paul KLINCKSIECK, éditeur à Paris.

## ARBOUSIER COMMUN. — ARBUTUS UNEDO LIN.

Hauteur 8ᵐ. Tronc 0ᵐ80 de circonférence.

PATRIE : EUROPE          LATTES, PRÈS MONTPELLIER, CHEZ M. SAHUT.

## SASSAFRAS OFFICINAL. — SASSAFRAS OFFICINALIS NEES.

Hauteur 11ᵐ. Tronc 1ᵐ80 de circonférence.

PATRIE : AMÉRIQUE DU NORD      PÉPINIÈRES DE LA MUETTE (PARIS) MARS 1888

*Phototypie J. ROYER, Nancy.*            Paul KLINCKSIECK, éditeur à Paris.

## BOULEAU VERRUQUEUX. — BETULA VERRUCOSA EHRH.

Hauteur 20ᵐ. Tronc 1ᵐ de circonférence.

PATRIE : EUROPE                                      GRIGNON, MAI 1889

Phototypie J. ROYER, Nancy.     Paul KLINCKSIECK, éditeur à Paris.

AUNE GLUTINEUX. — ALNUS GLUTINOSA GŒRTN.

Hauteur 20ᵐ. Tronc 1ᵐ60 de circonférence.

PATRIE : EUROPE

CHATEAU-CHINON, 1891

Phototypie J. ROYER, Nancy.

Paul KLINCKSIECK, éditeur à Paris.

AUNE A FEUILLES CORDÉES. — ALNUS CORDIFOLIA TEN.

Hauteur 22<sup>m</sup>. Trouc 1<sup>m</sup>70 de circonférence.

PATRIE : RÉGION MÉDITERRANÉENNE

PARC RAMBOUILLET, 1886

Phototypie J. ROYER, Nancy.

Paul KLINCKSIECK, éditeur à Paris.

OSTRYA A FEUILLES DE CHARME. — OSTRYA CARPINIFOLIA SCOP.

Hauteur 17ᵐ. Tronc 1ᵐ30 de circonférence.

PATRIE : EUROPE MÉRIDIONALE

NICE, 1887

Phototypie J. ROYER, Nancy.  Paul KLINCKSIECK, éditeur à Paris.

CHARME COMMUN. — CARPINUS BETULUS L.

Hauteur 17ᵐ. Tronc 1ᵐ70 de circonférence.

PATRIE : EUROPE  GRIGNON 1889

Phototypie J. ROYER, Nancy.

Paul KLINCKSIECK, éditeur à Paris.

NOISETIER DE TURQUIE. — CORYLUS COLURNA LIN.

Hauteur 14 ᵐ. Tronc 1ᵐ20 de circonférence.

PATRIE : EUROPE S.-E.

MUSEUM, PARIS, 1888

Phototypie J. ROYER, Nancy.

Paul KLINCKSIECK, éditeur à Paris

HÊTRE COMMUN. — FAGUS SYLVATICA LIN.

Hauteur 25ᵐ. Tronc 2ᵐ80 de circonférence.

PATRIE : EUROPE

GRIGNON, FÉVRIER 1887

**HÊTRE COMMUN A FEUILLES LACINIÉES. — FAGUS SYLVATICA ASPLENIFOLIA HORT.**

Hauteur 14ᵐ. Tronc 1ᵐ90 de circonférence.

PATRIE : EUROPE        TRIANON, AVRIL 1886

Phototypie J. ROYER, Nancy.

Paul KLINCKSIECK, éditeur à Paris.

## HÊTRE COMMUN PLEUREUR. — FAGUS SYLVATICA PENDULA HORT.

Hauteur 12ᵐ. Tronc 1ᵐ80 de circonférence.

PATRIE : EUROPE

SEGREZ, OCTOBRE 1888

*Phototypie J. ROYER, Nancy.*

Paul KLINCKSIECK, éditeur à Paris.

CHATAIGNIER COMMUN. — CASTANEA VULGARIS LIN.

Hauteur 16ᵐ. Tronc 4ᵐ de circonférence.

PATRIE : EUROPE

FEUCHEROLLES (S. O), 1866

Phototypie J. ROYER, Nancy.

Paul KLINCKSIECK, *éditeur à Paris.*

## CHÊNE PÉDONCULÉ. — QUERCUS PEDUNCULATA EHRH.

Hauteur 22ᵐ. Tronc 2ᵐ40 de circonférence.

PATRIE : EUROPE

GRIGNON, 1887

Phototypie J. ROYER, Nancy.

Paul KLINCKSIECK, éditeur à Paris.

CHÊNE PÉDONCULÉ. — QUERCUS PEDUNCULATA EHRH.

Futaie de 80 ans.

PATRIE : EUROPE

FORÊT DE MARLY, MARS 1886

Phototypie J. ROYER, Nancy.

Paul KLINCKSIECK, éditeur à Paris.

## CHÊNE ROUVRE. — QUERCUS ROBUR MILL.

Hauteur 25ᵐ. Tronc 2ᵐ70 de circonférence.

PATRIE : EUROPE

FORÊT DE MARLY, MARS 1886

CHÊNE PUBESCENT. — QUERCUS PUBESCENS WILLD.

Hauteur 18ᵐ. Tronc 1ᵐ80 de circonférence.

PATRIE : EUROPE                                        GIRONDE, DÉCEMBRE 1886

Phototypie J. ROYER, Nancy. Paul KLINCKSIECK, éditeur à Paris.

## CHÊNE A GROS FRUIT. — QUERCUS MACROCARPA MICHX.

Hauteur 14ᵐ. Tronc 1ᵐ60 de circonférence.

PATRIE : AMÉRIQUE SEPTENTRIONALE

MUSÉUM, PARIS, 1887

*Phototypie J. ROYER, Nancy.* Paul KLINCKSIECK, Éditeur à Paris.

## CHÊNE CHEVELU. — QUERCUS CERRIS LIN.

Hauteur 17ᵐ. Tronc 1ᵐ70 de circonférence.

PATRIE : EUROPE

MUSÉUM, PARIS, 1888

Phototypie J. ROYER, Nancy. Paul KLINCKSIECK, éditeur à Paris.

CHÊNE ÆGILOPS. — QUERCUS ÆGILOPS LIN.

Hauteur 12ᵐ. Tronc 1ᵐ80 de circonférence.

PATRIE : EUROPE AUSTRALE, ASIE MINEURE          Sᵗ MANDRIER PRÈS TOULON, 1888

*Phototypie J. ROYER, Nancy.*

Paul KLINCKSIECK, éditeur à Paris.

CHÊNE LIÈGE. — QUERCUS SUBER LIN.

Hauteur 22 <sup>m</sup>. Tronc 2<sup>m</sup>80 de circonférence.

PATRIE : RÉGION MÉDITERRANÉENNE

ARGELÈS-s/-MER, JANVIER 1887

*ototypie J. ROYER, Nancy.* Paul KLINCKSIECK, éditeur à Paris.

FORÊT DE CHÊNE-LIÈGE. — QUERCUS SUBER LIN.

Hauteur 15 à 18ᵐ. Tronc 1ᵐ50 à 2ᵐ50 de circonférence.

ATRIE : Région Méditerranéenne ARGELÈS-SUR-MER, PYRÉNÉES ORIENTALES, 1887

*Phototypie J. ROYER, Nancy.*

Paul KLINCKSIECK, éditeur à Paris.

CHÊNE D'OCCIDENT. — QUERCUS OCCIDENTALIS GAY.

Hauteur 12$^m$. Tronc 1$^m$50 de circonférence.

PATRIE : EUROPE OCCIDENTALE

UZA, LANDES, 1887

Phototypie J. ROYER, Nancy.                                          Paul KLINCKSIECK, éditeur à Paris.

CHÊNE BLANC D'AMÉRIQUE. — QUERCUS ALBA LIN.

Hauteur 18-20ᵐ. — Tronc 1ᵐ50 de circonférence.

PATRIE : ÉTATS-UNIS                                          LES BARRES, 1890

Paul KLINCKSIECK, éditeur à Paris.

CHÊNE ROUGE. — QUERCUS RUBRA LIN.

Hauteur 18 - 20ᵐ. — Tronc 1ᵐ60 de circonférence.

PATRIE : ÉTATS-UNIS

PÉPINIÈRES DE LA MUETTE (PARIS), 1888

*Phototypie J. ROYER, Nancy.*                           Paul KLINCKSIECK, éditeur à Paris.

## CHÊNE DES TEINTURIERS. — QUERCUS TINCTORIA MICHX.

Hauteur 17ᵐ. Tronc 1ᵐ10 de circonférence.

PATRIE : ÉTATS-UNIS.                                    LES BARRES (LOIRET), 1890.

*Phototypie J. ROYER, Nancy.*  Paul KLINCKSIECK, éditeur à Paris.

## NOYER HYBRIDE. — JUGLANS HYBRIDA HORT.

Hauteur 12ᵐ. — Tronc 1ᵐ50 de circonférence.

PATRIE : INCONNUE.  MUSÉUM, PARIS. MARS 1888.

*Phototypie J. ROYER, Nancy.*

Paul KLINCKSIECK, *éditeur à Paris.*

NOYER NOIR. — JUGLANS NIGRA LIN.

Hauteur 18ᵐ. Tronc 1ᵐ40 de circonférence.

PATRIE : ÉTATS-UNIS.

GRIGNON, MARS 1886.

Phototypie J. ROYER, Nancy.

R.F

Paul KLINCKSIECK, éditeur à Paris.

ORME CHAMPÊTRE. — ULMUS CANPESTRIS LIN.

Hauteur 33ᵐ. — Tronc 5ᵐ40 de circonférence.

PATRIE : EUROPE.

ORME DES MONTAGNES. — ULMUS MONTANA SMITH.

Hauteur 22ᵐ. — Tronc 2ᵐ20 de circonférence.

PATRIE : EUROPE.

GRIGNON, AVRIL 1888.

*Phototypie J. ROYER, Nancy.*                    Paul KLINCKSIECK, éditeur à Paris.

PLANÉRA CRÉNELÉ. — PLANERA CRENATA DESF.

Hauteur 22ᵐ. — Tronc 2ᵐ20 de circonférence.

PATRIE : CAUCASE.                        Sᵗ-MANDRIER, PRÈS TOULON, MARS 1888.

*Phototypie J. ROYER. Nancy.*  Paul KLINCKSIECK, *éditeur à Paris.*

MICOCOULIER D'AMÉRIQUE. — CELTIS OCCIDENTALIS LIN.

Hauteur 20ᵐ. Tronc 1ᵐ80 de circonférence.

PATRIE : ÉTATS-UNIS.

MUSÉUM, PARIS, MARS 1888.

MICOCOULIER D'AMÉRIQUE A FEUILLES ÉPAISSES. — CELTIS OCCIDENTALIS V. CRASSIFOLIA GRAY.

Hauteur 15ᵐ. Tronc 1ᵐ40 de circonférence.

PATRIE : ÉTATS-UNIS.                                    MUSÉUM, PARIS, MARS 1868.

*Phototypie J. ROYER, Nancy.*                                             Paul KLINCKSIECK, éditeur à Paris.

**FIGUIER COMMUN, VAR. A FRUIT BLANC. — FICUS CARICA L. VAR. FRUCTU ALBO.**

Hauteur 8ᵐ. Tronc 1ᵐ de circonférence.

PATRIE : RÉGION MÉDITERRANÉENNE.                                          SALCES, PYR.-OR., 1887.

Phototypie J. ROYER, Nancy.     Paul KLINCKSIECK, éditeur à Paris.

**FIGUIER COMMUN, VAR. A FRUIT ROUGE, — FICUS CARICA L. VAR. FRUCTU RUBRO.**

Hauteur 6ᵐ. Cime 30ᵐ de circonférence.

PATRIE : RÉGION MÉDITERRANÉENNE.     ARGELÈS-SUR-MER, PYR.-OR., 1902.

PLATANE D'ORIENT, VAR. A FEUILLES D'ÉRABLE — Platanus Orientalis Var. acerifolia DC.

Hauteur 33ᵐ. Tronc 5ᵐ de circonférence.

PATRIE : Orient.　　　　　　　　　　École de Grignon.

SAPIN PINSAPO. — ABIES PINSAPO BOISS.

Hauteur 15ᵐ. Tronc 1ᵐ30 de circonférence.

PATRIE : AFRIQUE NORD ET ESPAGNE.                    TRIANON, MARS 1888.

Phototypie J. ROYER, Nancy.

Paul KLINCKSIECK, éditeur à Paris.

## SAPIN DE CÉPHALONIE. — ABIES CEPHALONICA LINK.

Hauteur 15ᵐ. — Tronc 1ᵐ50 de circonférence

PATRIE : ASIE MINEURE.

TRIANON, 1893.

Phototypie J. ROYER, Nancy.

Paul KLINCKSIECK, éditeur à Paris.

EPICEA COMMUN. — PICEA EXCELSA DC.

Hauteur 28ᵐ. — Tronc 2ᵐ20 de circonférence.

PATRIE : EUROPE.

ÉCOLE DE GRIGNON, 1893.

Phototypie J. ROYER, Nancy.                                   Paul KLINCKSIECK, éditeur à Paris.

## CÈDRE DU LIBAN var. DE L'ATLAS. — CEDRUS LIBANI VAR. ATLANTICA.

Hauteur 20$^m$. — Tronc 2$^m$8o de circonférence.

PATRIE : ALGÉRIE.                                  LAVALETTE, PRÈS MONTPELLIER, 1887.

Phototypie J. BOYER, Nancy.

Paul KLINCKSIECK, éditeur à Paris.

PIN LARICIO DE CORSE. — PINUS LARICIO CORSICA POIRET.

Hauteur 24ᵐ. — Tronc 1ᵐ80 de circonférence.

PATRIE : CORSE.

PARC DE TRIANON, 1888.

Phototypie J. ROYER, Nancy.                    Paul KLINCKSIECK, éditeur à Paris.

PIN DE MONTAGNES. — PINUS MONTANA MILL.

Hauteur 12ᵐ. Tronc 1ᵐ 80 de circonférence.

PATRIE : EUROPE.                    CERDAGNE PRÈS MONTLOUIS, PYR, Orᴵᵉˢ 1887.

Phototypie J. ROYER, Nancy.                    Paul KLINCKSIECK, éditeur à Paris.

## PIN DES CANARIES. — PINUS CANARIENSIS CHR. SMITH.

Hauteur 18ᵐ. Tronc 1ᵐ80 de circonférence.

PATRIE : GRANDES CANARIES.                    JARDIN BOTANIQUE DE CAPTOWN 1889.

PIN WEYMOUTH. — PINUS STROBUS LIN.

Hauteur 28 ᵐ. Tronc 2 ᵐ 70 de circonférence.

PATRIE : ETATS-UNIS.                    PARC DE TRIANON 1886.

Phototypie J. ROYER, Nancy.                    Paul KLINCKSIECK, éditeur à Paris.

## ARAUCARIA ÉLEVÉ. — ARAUCARIA EXCELSA R. BR.

Hauteur 25 ᵐ. Tronc 2ᵐ50 de circonférence.

PATRIE : ILE DE NORFOLK.            HYÈRES (JARDIN DE LA VILLE) 1888.

Phototypie J. ROYER, Nancy.                    Paul KLINCKSIECK, éditeur à Paris.

ARAUCARIA DU BRÉSIL. — ARAUCARIA BRASILIENSIS A. RICH.

Hauteur 12ᵐ. Tronc 1ᵐ70 de circonférence.

PATRIE : BRÉSIL.                        JARDIN DE LA VILLE D'HYÈRES, 1888.

*Phototypie J. ROYER, Nancy.*　　　　　　　　*Paul KLINCKSIECK, éditeur à Paris*

## SÉQUOÏA GÉANT. — Sequoïa gigantea Dcne.

Hauteur 20ᵐ. Tronc 4ᵐ de circonférence.

PATRIE : États-Unis.　　　　　　　　　　　　　Parc de Trianon, 1894.

Phototypie J. ROYER, Nancy.

Paul KLINCKSIECK. éditeur à Paris.

## TAXODIUM DISTIQUE. — TAXODIUM DISTICHUM RICH.

Hauteur 17$^m$. Tronc 1$^m$70 de circonférence.

PATRIE : ÉTATS-UNIS.

PÉPINIÈRES DE LA MUETTE, PARIS, 1867.

*Phototypie J. ROYER, Nancy.*

Paul KLINCKSIECK, éditeur à Paris.

**LIBOCÈDRE DÉCURRENT. — LIBOCEDRUS DECURRENS TORR.**

Hauteur 12ᵐ. Tronc 0ᵐ80 de circonférence.

PATRIE : ÉTATS-UNIS.

JARDIN D'ACCLIMATION D'HYÈRES, 1888.

Clématite de Jackman. Clematis Jackmanii.

*Magnolia pourpre var. de Lenné.* Magnolia purpurea Curt. var. Lennei.

B₁

A₁

A

B

C₃

C₄

B₂

C₂

C₁

C

B₃

B₄

A. Épine-vinette commune.   Berberis vulgaris.
B. Épine-vinette de Thunberg.   Berberis Thunbergii DC.
C. Épine-vinette de l'Ætna.   Berberis Ætnensis Presl.

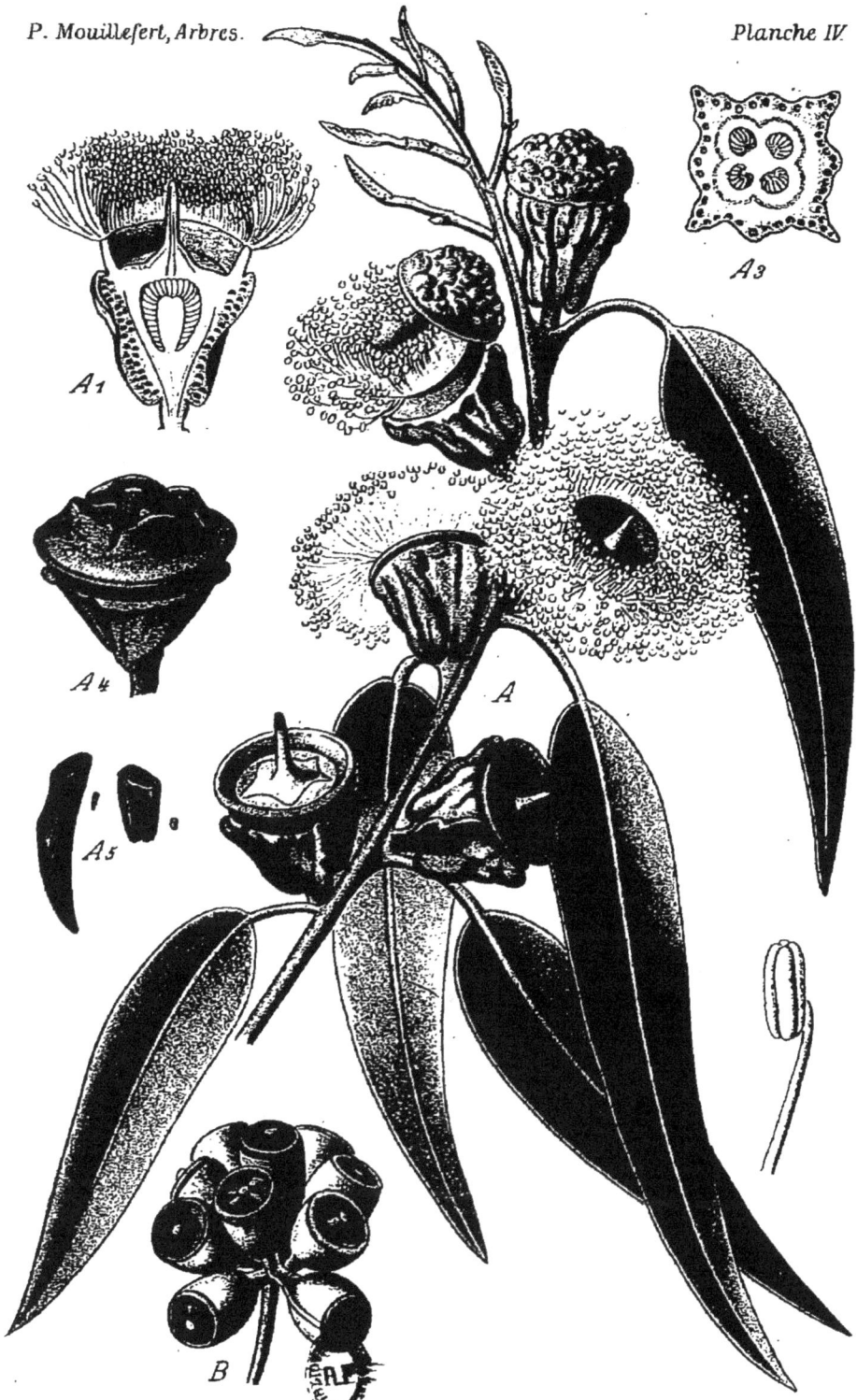

A. *Eucalyptus globuleux.*   Eucalyptus globulus. Labill.
B. *Eucalyptus robuste.*   Eucalyptus robusta Smith.

*A1*

*B1*

*A*

*B*

*A3*

*A2*

A. *Prunier domestique:* Prunus domestica L.

B. *Prunier de Briançon.* Prunus brigantiaca Vill.

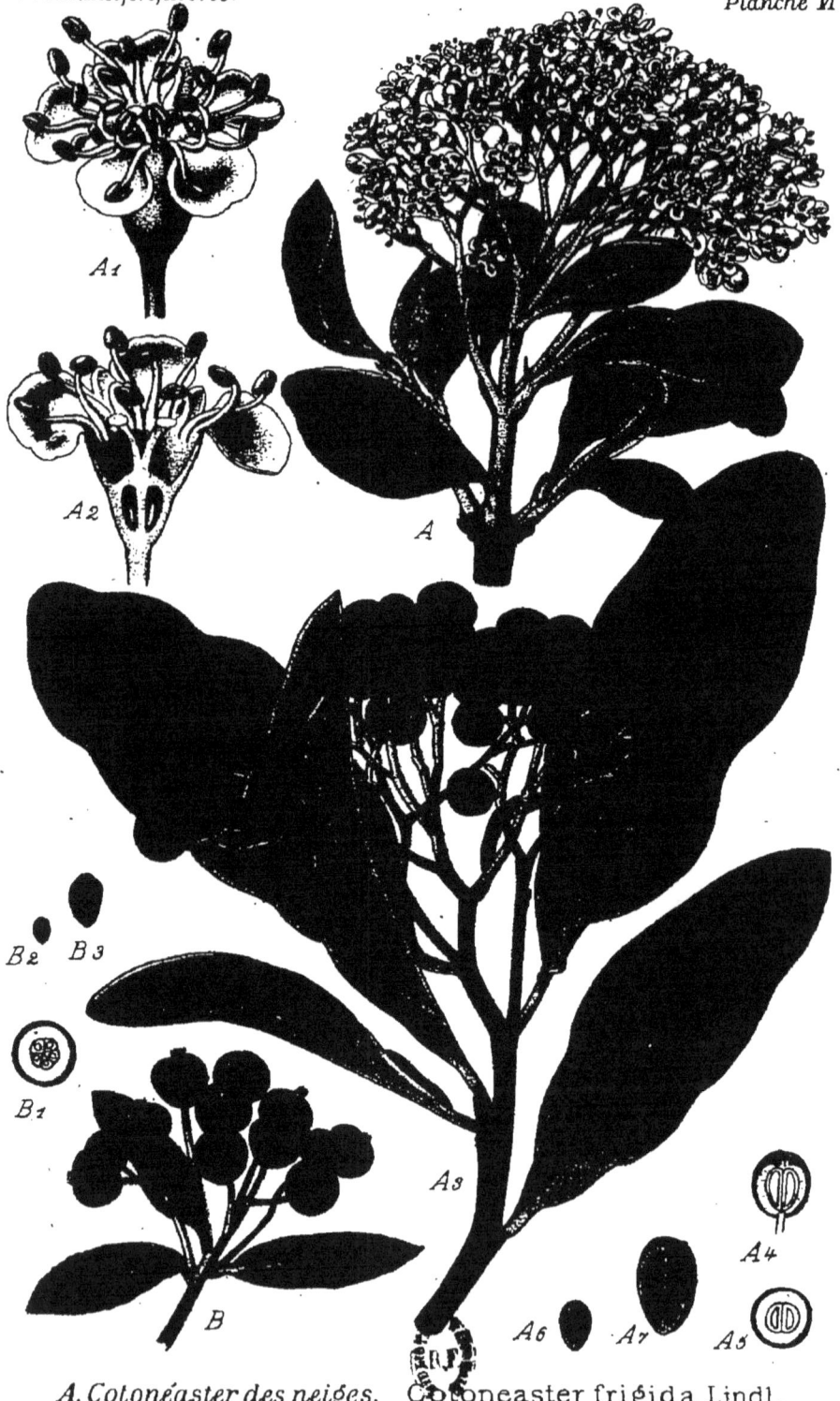

*A1*

*A2*

*A*

*A3*

*B2*  *B3*

*B1*

*B*

*A4*

*A6*  *A7*  *A5*

A. *Cotonéaster des neiges.*   Cotoneaster frigida Lindl.
B. *Buisson ardent d'Europe.*   Cotoneaster pyracantha Sp.

*A1*

*B3.*

*B2*

*A*

*B1*

*B*

*B4*

A. *Aubépine à feuilles de Tanaisie*.  Cratægus tanacetifolia Pers.

B. *Aubépine Ergot-de-Coq*.  Cratægus crus-galli L.

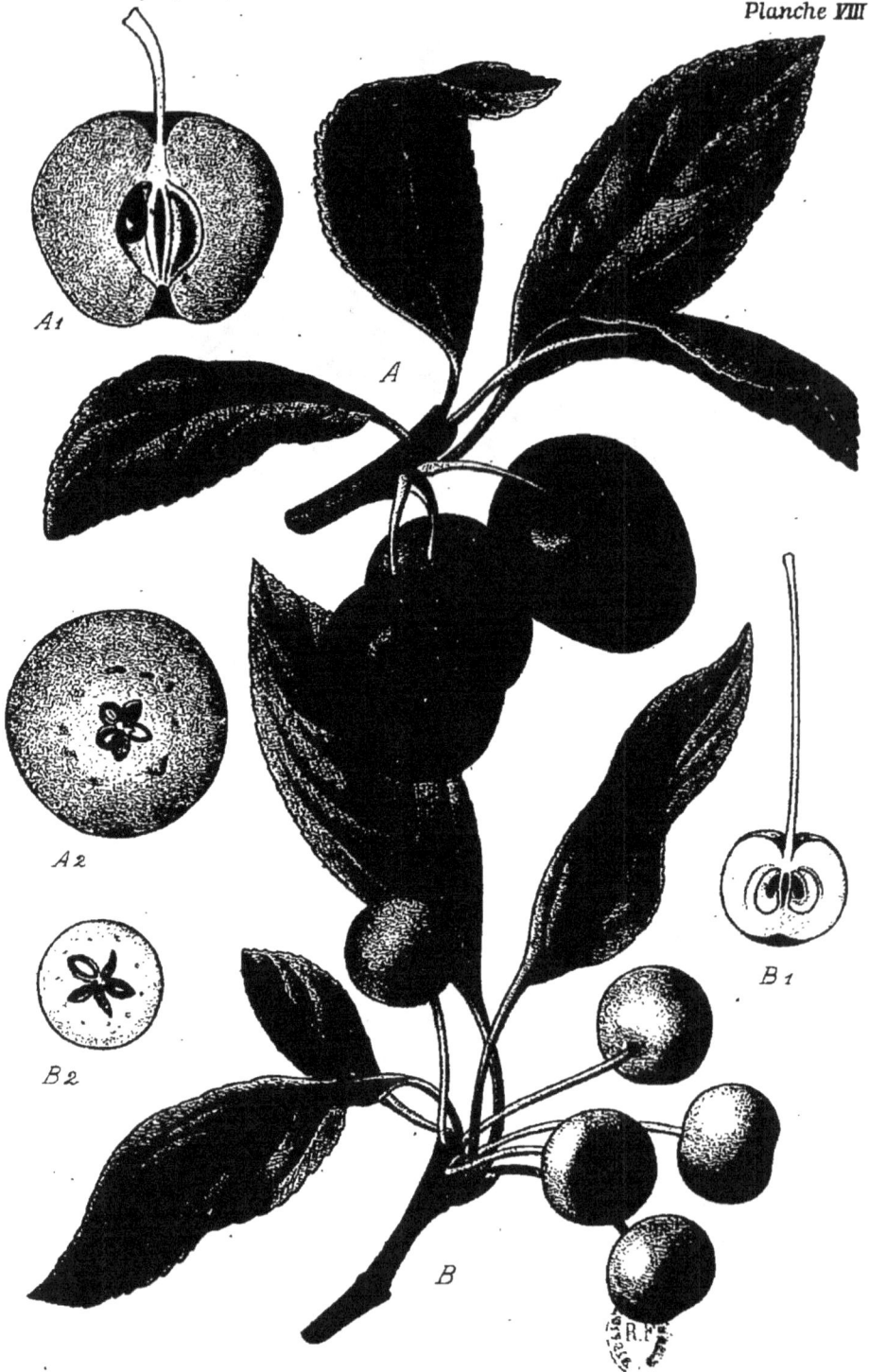

*A₁*

*A*

*A 2*

*B 1*

*B 2*

*B*

A. *Pommier à petits fruits var. coccine.* Malus microcarpa var. coccinea Carr
B. *Pommier à petits fruits var. kaïdo.* Malus microcarpa var. kaïdo Carr.

A. *Sorbier hybride.*   Sorbus hybrida L.
B. *Alisier blanc à feuilles obtuses.* Sorbus aria obtusifolia DC.

*Desmodium à fleurs pendantes.* Desmodium penduliflorum Oudem.

*Févier à trois épines.*     Gleditschia triacanthos Lin.

*Acacia blanchâtre.*    Acacia dealbata Link.

*Acacia cultriforme.* Acacia cultriformis Cunn.

A. Erable de la Colchide.    Acer colchicum Hartw.

B. Erable de Lobel.    Acer Lobelii Ten.

A. *Marronnier à petites fleurs.*     Æsculus parviflora Walt.
B. *Marronnier de la Chine.*     Æsculus chinensis Bunge.

Tilleul argenté.   Tilia argentea Desf.

*Catalpa de Bunge.*  Catalpa Bungei C.A.Mey.

A. *Frêne à fleurs*.    Fraxinus ornus Lin.

B. *Frêne dimorphe*.    Fraxinus dimorpha Coss.

A

A2

A3

A5

B

A4

A6

A1

B1

A. Peuplier du lac Ontario.   Populus Ontariensis. Desf.

B. Peuplier noir.   Populus nigra. L.

*Aune à feuilles cordiformes.* Alnus cordifolia Ten.

*Bouleau à feuilles de peuplier.* Betula populifolia. Willd.

*B3*

*B2*

*B1*

*B*

*B5*

*B4*

*A1*

*A*

*A3*

*A2*

A. *Charme d'Orient.* Carpinus orientalis. Lmk.

B. *Ostrya à feuilles de Charme.* Ostrya carpinifolia. Scop.

*Chêne à grosses écailles.*  Quercus macrolepis. Kotschy.

*Orme d'Amérique.* Ulmus americana. Willd.

*Micocoulier d'Occident.* Celtis occidentalis. L.

*B3*

*A2*

*B5*

*B4*

*B2*

*B1*

*A*

*A3*

*A1*

*A4*

A. *Sapin de Numidie.*  Abies Numidica de Lannoy.

B. *Sapin pectiné.*  Abies pectinata DC.

*Sapin de Nordmann*. Abies Nordmanniana Spach.

7

4

6

5

3

2

1

*Sapin de Céphalonie.*    Abies cephalonica    Lmk.

*Epicea d'Orient.* Picea orientalis Carr.

Faux-Tsuga de Douglas. Pseudotsuga Douglasii Carr.

Cèdre du Liban.   Cedrus Libani  Barr.

Pin Laricio d'Autriche. Pinus Laricio austriaca Loud.

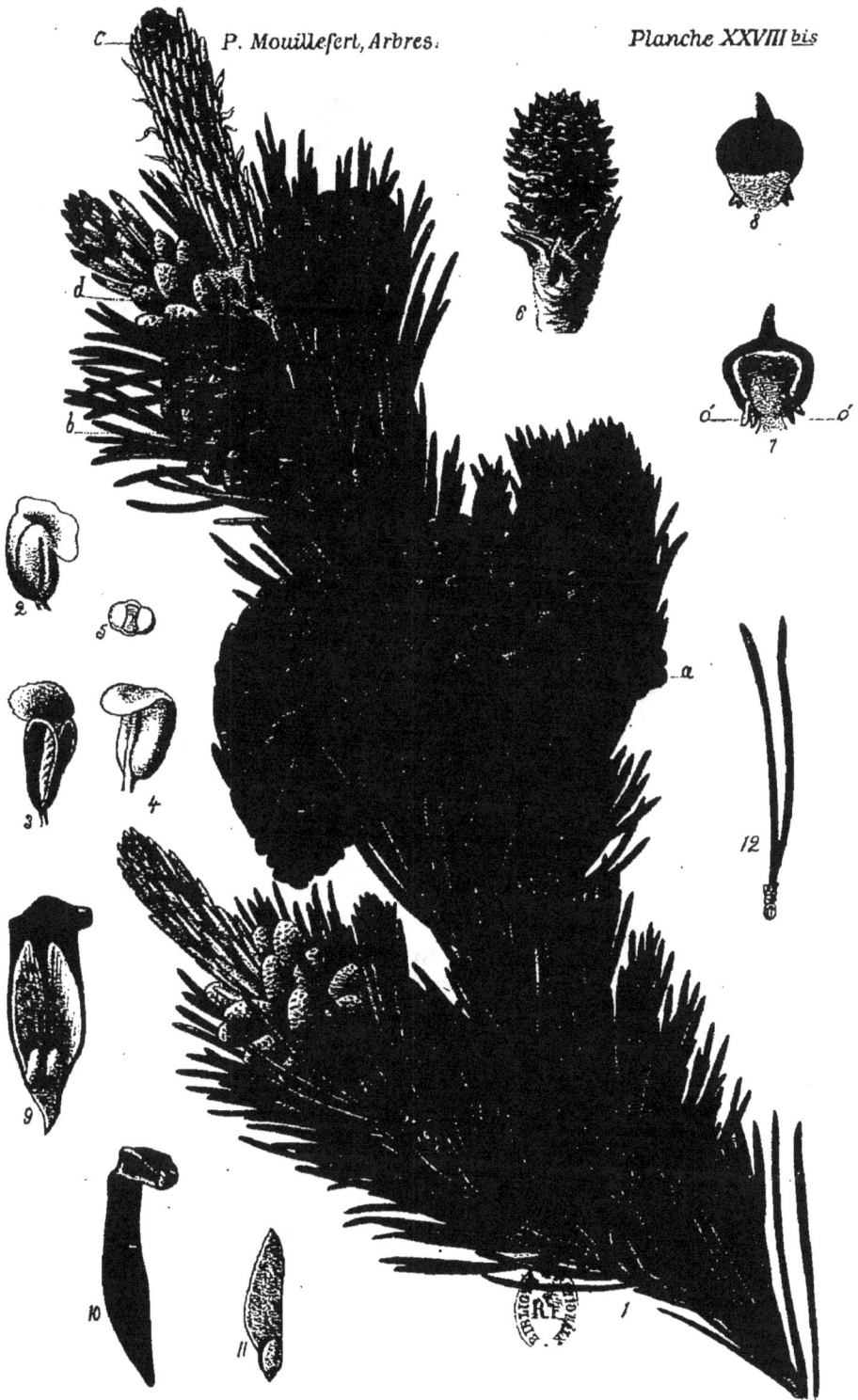

*Pin de Montagnes. var. à crochets.*

Pinus montana. var. uncinata Hakenk.

Pin élevé. Pinus excelsa Wall.

*Biota d'Orient.* Biota orientalis Endl.

*Sequoia géant.* Sequoia gigantea Endl.

**Cyprès de Lawson. Cupressus Lawsoniana Murr.**

A. *Genévrier commun, var. à rameaux réfléchis.*

Juniperus vulgaris, var. reflexa.

B. *Genévrier de Virginie.* Juniperus virginiana L. var. cinerascens.

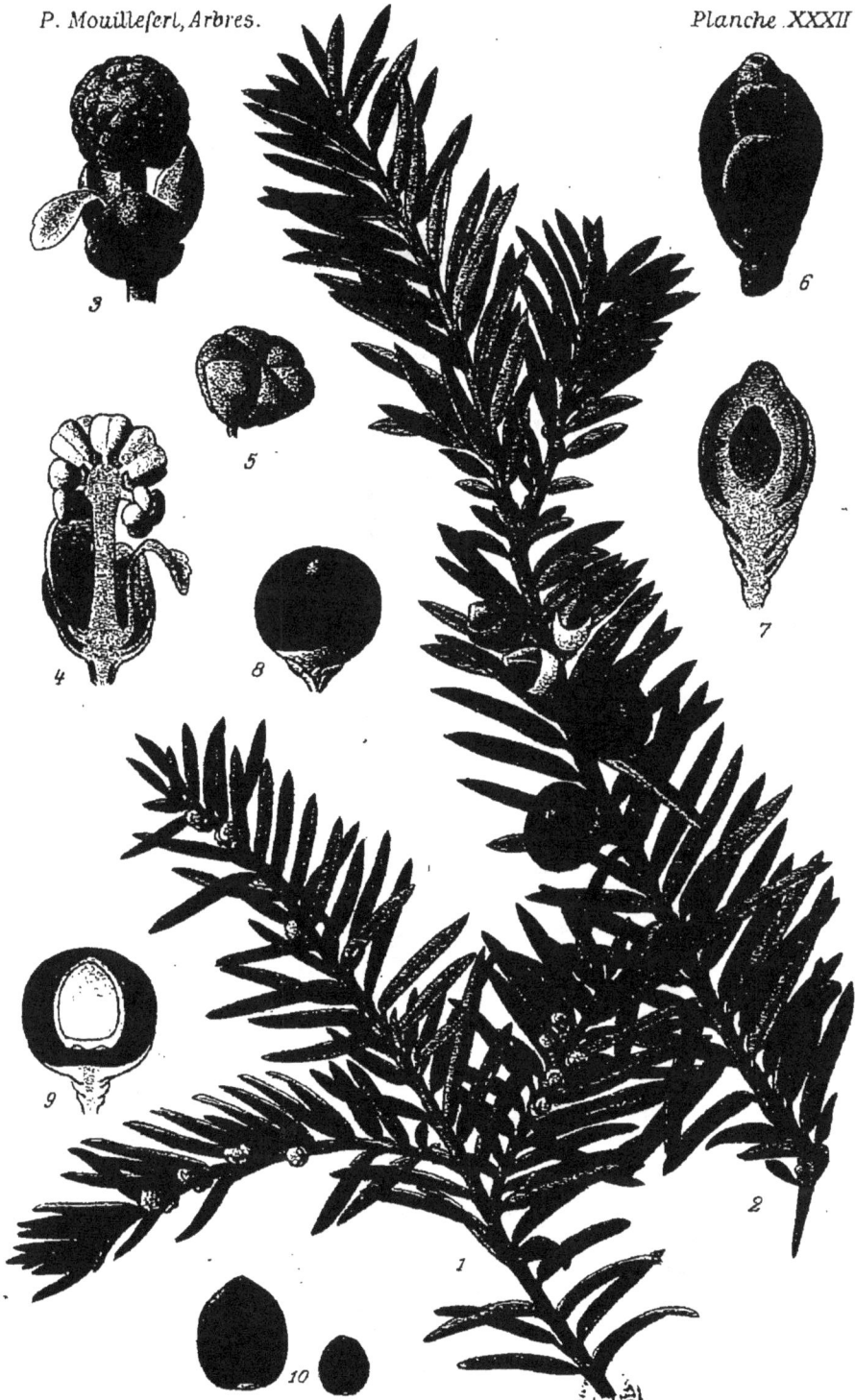

*f commun var. de Dovaston*. Taxus bacc... Dovastonii. Carr.

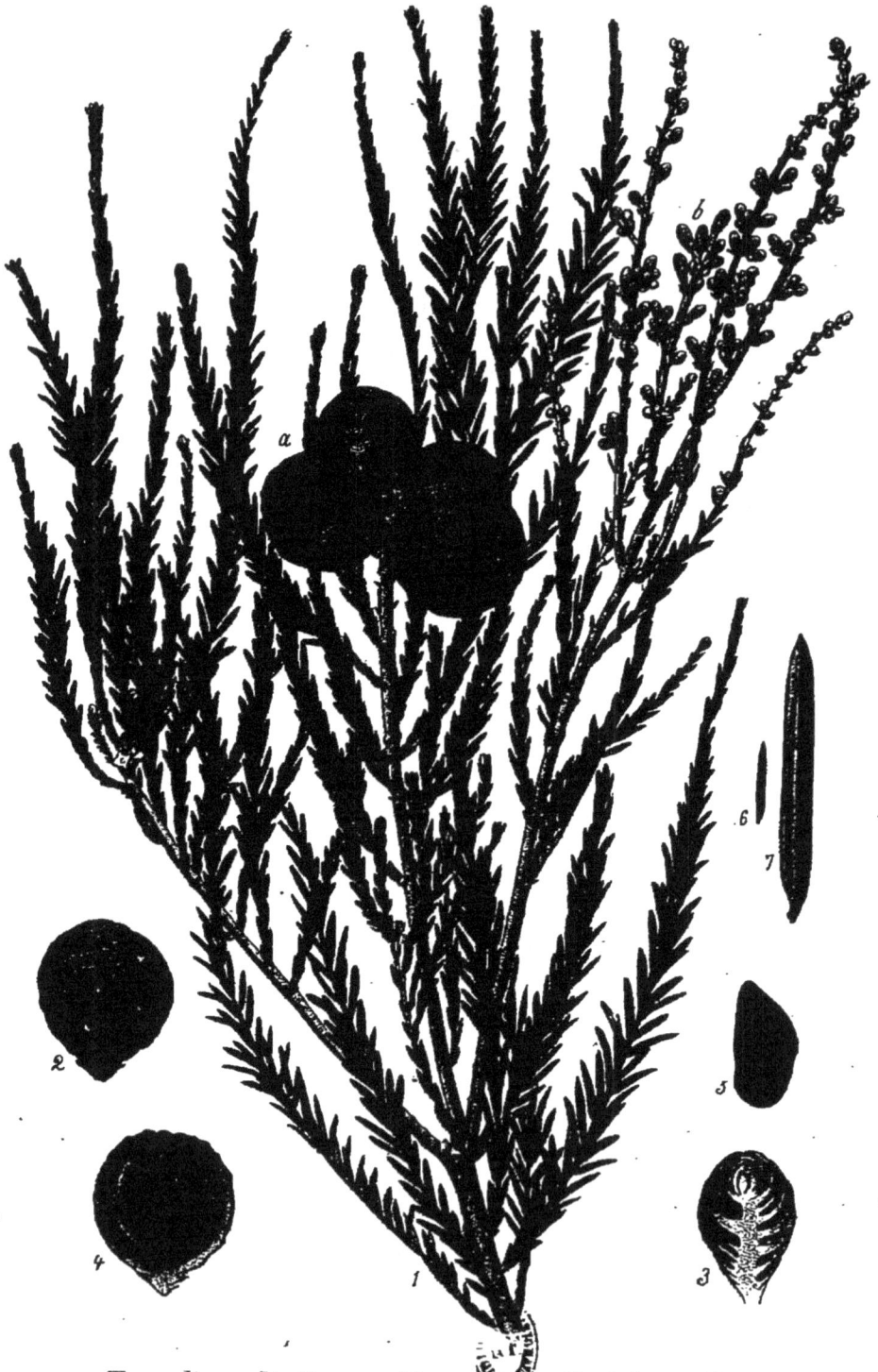

*Taxodium distique*.   Taxodium distichum Rich.

www.ingramcontent.com/pod-product-compliance
Lightning Source LLC
Chambersburg PA
CBHW071659200326
41519CB00012BA/2566